Dr. Heinrich Lösing

BdB-Handbuch X

Schadbilder an Gehölzen

Impressum

avBuch im Cadmos Verlag
Copyright 2013 by Cadmos Verlag, Schwarzenbek

Umschlag: Ravenstein + Partner, Verden
Satz: Hantsch & Jesch PrePress Services OG, Wien
Lektorat: Christine Weidenweber, Weibersbrunn, www.verbene.eu

Coverfoto: Heinrich Lösing
Fotos im Innenteil: (wenn nicht am Bild vermerkt) Heinrich Lösing
Druck: Himmer AG, Augsburg

Deutsche Nationalbibliothek – CIP-Einheitsaufnahme
Die Deutsche Nationalbibliothek verzeichnet diese Publikation in der
Deutschen Nationalbibliografie; detaillierte bibliografische Daten sind
im Internet über http://dnb.ddb.de abrufbar.

Printed in Germany

ISBN: 978-3-8404-8205-2

Inhaltsverzeichnis

1. Vorwort des BdB-Präsidenten

Die frühzeitige und vor allem richtige Bestimmung des Schaderregers ist von sehr großer Bedeutung!

Die Globalisierung macht auch vor den Baumschulen nicht halt.
Der weltweite Handel mit Gehölzen birgt die Gefahr, dass bisher
nicht bekannte Schaderreger eingeschleppt werden. Dies hat bereits zu verheerenden Folgen geführt, insbesondere wenn es sich
dabei um sogenannte Quarantäneschadorganismen handelt.
Der Citrus- und Laubholzbockkäfer aus Asien, der mit Pflanzen
und Verpackungsmaterial eingeschleppt wurde, sind sicherlich
die bekanntesten Beispiele dafür.

Ebenso macht sich der Klimawandel bemerkbar. Bekannte
Schaderreger, die bisher nur ein unbedeutendes Nischendasein
fristeten und nicht zu wirtschaftlich bedeutenden Schäden führ-
ten, erhalten durch klimatische Veränderungen ein ganz neues
Schädigungspotenzial.

Die frühzeitige und richtige Bestimmung des Schaderregers ist daher sehr wichtig zur Einleitung ent-
sprechender Gegenmaßnahmen und Bekämpfungsstrategien.

Herr Dr. Heinrich Lösing gilt als der versierte Pflanzenschutzexperte für Baumschulgehölze, er genießt
das Vertrauen der Baumschulwirtschaft. Das vorliegende Standardwerk ist von ihm in den vergangenen 25 Jahren mehrfach aktualisiert und um neue Schaderreger erweitert worden.

Dieses BdB-Handbuch ist ein wertvolles Nachschlagewerk für Baumschuler, Gehölzliebhaber und
Hobby-Gärtner. Generationen von Auszubildenden war und ist es eine große Hilfe.

Ich würde mich freuen, wenn auch diese aktualisierte Ausgabe ebenso erfolgreich wird wie die vorhe-
rigen und zu den richtigen Behandlungsmethoden führt.

Helmut Selders
Präsident
Bund deutscher Baumschulen (BdB) e.V.

2. Schaderreger mit allgemeiner Bedeutung

Eine Reihe von Schaderregern können an einer Vielzahl von Gehölzen Schäden verursachen. Um Wiederholungen bei den einzelnen Pflanzengattungen in dieser Zusammenstellung zu vermeiden, sind die Schaderreger nachfolgend teilweise nur in diesem allgemeinen Teil beschrieben. Ausnahmen von dieser Regel erfolgen bei abweichender Symptomausprägung.

2.1. Tierische Schaderreger
2.1.1. Nematoden

Nematoden sind kleine, lang gestreckte Tiere, deren Länge 1 mm in der Regel nicht überschreitet. Aufgrund der schlängelnden Fortbewegung werden sie auch als Älchen oder Fadenälchen bezeichnet. Je nach Lebensweise und Lebensort können folgende Gruppen unterschieden werden:

Typischer Befallsherd im Freiland bei Edelrosen auf der Rosenunterlage *Rosa corymbifera* 'Laxa'

2.1.1.1. Frei lebende Wurzelnematoden

Die Vertreter dieser Gruppe stechen mit ihrem Mundstachel die äußere Wurzelhaut an, was einerseits zu Wuchsdepressionen an oberirdischen Pflanzenteilen und andererseits zu starker Wurzelbildung ('Bartwuchs') führen kann. In Baumschulen haben *Pratylenchus*-Nematoden die größte Schadwirkung. Sie können tief in das Wurzelgewebe eindringen und dort zu starken Verbräunungen an den Wurzeln führen. Neben der direkten Schadwirkung an Wurzeln sind einige Nematodengattungen auch in der Lage, bestimmte Viren zu übertragen.

Abwehr: Weite Fruchtfolgen wählen, Flächen, die langjährig mit Mais bebaut wurden, sind in der Regel stark verseucht. Zur biologischen Bekämpfung von Nematoden der Gattung *Pratylenchus* hat sich in den vergangenen Jahren T*agetes erecta* und *Tagetes patula* bewährt.

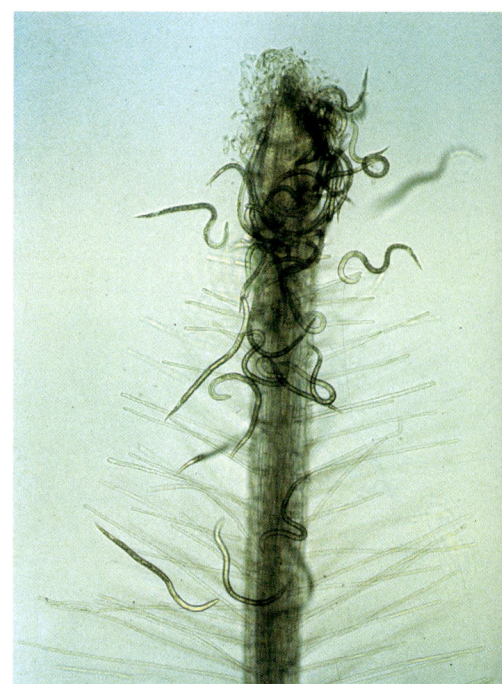

Pratylenchus-Nematoden an einer Wurzelspitze (stark vergrößert) (Foto: U. Zunke)

2.1.1.2. Wurzelgallenälchen

Die größte Bedeutung an Gehölzen hat vor allem das Nordische Zystenälchen *Meloidogyne hapla*. Die Larve dieser Nematoden dringt in das Wurzelgewebe ein und setzt sich dort fest. Die Pflanze reagiert mit der Bildung einer Galle, die bis zu einigen Zentimetern groß sein kann. Eine direkte Schadwirkung an Gehölzen im Freiland ist nur bei stärkerem Befall von Bedeutung, problematischer sind die Exportbeschränkungen einiger Länder für befallene Pflanzen, da diese dann nicht exportiert werden können.

Vorkommen: Als Wirtspflanzen gelten besonders Rosen und hier vor allem *Rosa multiflora* und *R. nitida* (Vermehrung durch Wurzelschnittlinge). Aber auch andere Gehölze können befallen werden.

Abwehr: Aufgrund des großen Wirtspflanzenkreises erscheint nur der Anbau von Gräsern (Hafer, Roggen, Mais, Welsches Weidelgras und Sommergerste) ratsam. Gute Resultate mit den genannten Pflanzen als Vorkultur sind allerdings nur bei sorgfältiger Unkrautbekämpfung zu erzielen.

Verdickungen an Wurzeln durch Wurzelgallenälchen. (Foto: U. Zunke)

Schaden an *Hydrangea* durch Befall mit Blattälchen (Foto: R. Wilke)

2.1.1.3. Blatt- und Stängelälchen

Im Gegensatz zu den bisher genannten Nematoden befallen Blatt- und Stängelälchen oberirdische Pflanzenteile.

Schadbild: Sie verursachen gelbliche bis bräunliche Stellen auf den Blättern oder können zu Verbräunungen und Verdickungen am Stängel führen.

Vorkommen: Häufig an *Buddleja*, *Hydrangea* und *Weigela*

Abwehr: Verwendung von gesundem Ausgangsmaterial

Zusätzlicher Hinweis:
Kartoffelnematoden (*Heterodera rostochiensis*) führen immer wieder zu Problemen bei der Anzucht von Baumschulgehölzen. Sie schädigen Gehölze zwar nicht direkt, Baumschulgehölze dürfen allerdings nur auf Flächen angebaut, eingeschlagen oder gelagert werden, die nachweislich frei von Kartoffelnematoden sind, damit die weitere Verbreitung eingeschränkt wird.

Blattflecken an *Buddleja* durch Befall mit Blattälchen.

Braune Flecken auf Blättern von *Weigela* durch Befall mit Blattälchen

2.1.2. Milben

Milben sind kleine (<1 mm) Tiere, die zur Gruppe der Spinnentiere gehören. Als Pflanzenschädlinge treten nur einige Arten in Erscheinung. Andere Arten leben auch räuberisch und werden als Nützlinge eingesetzt. Der Schaden wird durch die Saugtätigkeit an Blättern hervorgerufen und führt häufig zu einer Sprenkelung des Blattes.

Als Schaderreger an Gehölzen haben Bedeutung:

2.1.2.1. Spinnmilben *(Tetranychidae)*

Die Tiere spinnen bei der Fortbewegung einen Faden, daher die Bezeichnung Spinnmilbe. Bei stärkerem Befall kann daraus auf den Pflanzen ein feines Netz entstehen.

Die bekanntesten Vertreter sind:

Bohnenspinnmilbe *(Tetranychus urticae)*

Stark spinnende Milbenart, die an vielen Gehölzen zu finden ist. Die Überwinterung erfolgt als rotes Winterweibchen. Die Larven sind gelblich gefärbt mit braunen Flecken.

Obstbaumspinnmilbe *(Panonychus ulmi)*

Vorwiegend an Obstgehölzen und deren Verwandten. Im Winter finden sich oft dichte Ablagen roter Wintereier auf der Rinde. Die Larven sind zunächst hellrot bis bräunlich, später dunkelrot.

Nadelholzspinnmilbe *(Oligonychus ununguis)*

An Nadeln zeigen sich helle Flecken, die sich später bräunlich verfärben. Die Milben produzieren ein dichtes Gespinst. Befallen werden neben *Picea* auch viele andere Nadelgehölze. Die Überwinterung erfolgt als Ei.

Spinnmilbe mit Eigelege (Foto: R. Wilke)

Typische einseitige Verbräunung an *Picea glauca* 'Conica' durch Nadelholzspinnmilbe (Foto: R. Wilke)

Dichtes Spinngewebe auf *Picea pungens* 'Glauca' durch Befall mit Spinnmilben (Foto: R. Wilke)

Rötliche Ausstülpungen durch Befall mit Pockenmilben an *Tilia*

Filzrasen auf der Blattunterseite von *Tilia* nach Befall mit Gallmilben

Nicht austreibende Knospen durch Befall mit Knospengallmilbe an *Corylus*

2.1.2.2. Weichhautmilben *(Tarsonemidae)*

Im Vergleich zu Spinnmilben sind Weichhautmilben wesentlich kleiner (bis 0,2 mm) und nur mit einer guten Lupe zu sehen. Befallen werden besonders die Triebspitzen verschiedener Gehölze, die dann im Wuchs kümmern, wie z. B. beim Befall von *Hedera* mit der Triebspitzenmilbe (*Tarsonemus pallidus*). Die Vermehrung wird durch feuchtwarme Witterung gefördert.

2.1.2.3. Gallmilben *(Eriophyidae)*

Dabei handelt es sich um winzige (0,1–0,3 mm) weißliche bis gelbliche Milben mit zwei Beinpaaren. Weiter unterteilt wird diese Gruppe in freilebende (ohne Gallenbildung) und gallenbildende Arten. Aufgrund ihrer geringen Größe werden Gallmilben als Schaderreger häufig in der Praxis gar nicht erkannt.

Beispiele für gallenbildende Arten:

Johannisbeergallmilbe *(Cecidophyopsis ribes)*

Verursacht Knospengallen an *Ribes*-Arten. Die Art *C. psilaspis* verursacht ein vergleichbares Schadbild an *Taxus*.

Knospengallmilbe *(Phytoptus avellanae)*

Verschiedene weitere Gallmilben-Arten verursachen u. a. an *Acer, Pyrus, Tilia* kleine rundliche Ausstülpungen (Pocken), die meist grünlich bis rötlich verfärbt sind. Aus diesem Grund werden sie auch als Pockenmilben bezeichnet. Eine Bekämpfung ist nicht erforderlich.
Eine andere Art verursacht insbesondere bei Linden helle Flecken durch Bildung eines Filzrasens auf der Blattunterseite. Eine Bekämpfung ist nicht erforderlich.

2.1.3. Insekten

Insekten können mit ihren beißenden Mundwerkzeugen Fraßschäden oder mit den stechend-saugenden Mundwerkzeugen Saugschäden verursachen. Typisch für Insekten ist die klare Gliederung ihres Körpers in drei Teile (Kopf, Brust, Hinterleib). Aufgrund der Entwicklung können die Insekten mit unvollständiger Verwandlung (Jugendstadien gleichen oder ähneln den erwachsenen Tieren), z. B. Blattläuse, und vollständiger Verwandlung (Jugendstadien ähneln den erwachsenen Tieren nicht, z. B. Schmetterling, Raupe, Schmetterling) unterschieden werden. Letztere weisen ebenfalls ein Puppenstadium auf.

Blattlauskolonien mit geflügelten und ungeflügelten Stadien an *Salix*

2.1.3.1. Pflanzenläuse

Blattläuse
Dabei handelt es sich um grüne, rosa, bräunliche, graue oder schwarz gefärbte Läuse, die an Blättern, Trieben und Blüten saugen. Sie bewirken bei starkem Befall Blattrollung, Triebverkrüppelung und -stauchung. Blüten und Früchte kümmern.

Zu dieser Gruppe gehören u. a.:

Grüne Apfelblattlaus (*Doralis pomi*)
Rosenblattlaus (*Macrosiphum rosae*)
Schwarze Bohnenlaus (*Aphis tabae*)

Rosenblattlaus an *Rosa* (stark vergrößert)

Wollläuse/Schmierläuse
Sie befallen grüne Pflanzenteile, Rinde von Zweigen, Ästen. Typisches Erkennungsmerkmal ist die Ausscheidung von „Wachswolle":

Zu dieser Gruppe gehören u. a.:

Buchenblatt-Baumlaus (*Phylaphis fagi*)
Douglasienwolllaus (*Gilletteella cooleyi*)
Kiefernwolllaus (*Pineus pini*)

Wachsausscheidungen der Douglasienwolllaus an *Pseudotsuga*
(Foto: H. Nennmann)

Kommaschildläuse an *Buxus*

Schildläuse

Deckelschildläuse/Kommaschildläuse

Schildläuse dieser Gruppe saugen am Pflanzenparenchym, daher treten keine Rußtaupilze auf. Die einzelnen Deckel sind nicht fest mit der Laus verwachsen und lassen sich abheben. Typische Vertreter dieser Gruppe sind:

Kommaschildlaus *(Lepidosaphes ulmi)*
Häufig an *Buxus* und Pflanzen aus der Familie der Rosengewächse zu finden.

Maulbeerschildlaus *(Pseudaulacaspis pentagona)*
Häufig an *Catalpa, Ribes* und *Morus* zu finden.

Braune Napfschildläuse an *Taxus*, kleine weiße Punkte sind die neue Generation (sogenannte Crawler) (Foto: B. Zielke)

Napfschildläuse

Schildläuse aus dieser Gruppe saugen am Phloem, häufig sondern sie Honigtau ab. Das führt zur Bildung von schwarzen Rußtaupilzen auf Blättern und Nadeln. Die Schilde sind fest mit der Laus verwachsen. Typische Vertreter dieser Gruppe sind:

Eibennapfschildlaus *(Eulecanum crudum)*
siehe auch unter *Taxus*

Wollige Napfschildlaus *(Pulvinaria regalis)*
Diese Art ist erst seit etwa 20 Jahren in Deutschland zu finden, insbesondere im städtischen Bereich an *Acer, Aesculus* und *Tilia*.

Weiße Fliege bei Eiablage
(Foto: B. Schaefer)

Mottenschildläuse (Weiße Fliege)

Sie treten als Schaderreger besonders in Gewächs- und Folienhäusern auf. Sie saugen an den Blattunterseiten und verursachen zunächst gelbe Flecken, bei starkem Besatz kann es zum Vergilben bzw. Absterben ganzer Blätter kommen. Bei Berührung der Blätter fliegen die flugfähigen Läuse schlagartig auf. Die Larven sind unbeweglich und wie die Schildläuse von einer festen Hülle umgeben, wodurch die Bekämpfung wesentlich erschwert wird.

Zu dieser Gruppe gehört u. a.:

Weiße Fliege *(Trialeurodes vaporariorum)*

2.1.3.2. Käfer

Käfer sind Insekten mit beißenden und saugenden Mundwerkzeugen, die als Larve oder erwachsene Tiere schädlich
werden können.

Dickmaulrüssler

Schadbild: Larvenfraß an Wurzeln und am Wurzelhals,
dadurch Kümmerwuchs und Welken befallener Pflanzen.
Buchtenfraß an Blättern und Nadeln vorwiegend nachts
durch Käfer.

Schädling:
Gefurchter Dickmaulrüssler *(Otiorhynchus sulcatus)*

Larve: Im Boden bzw. Substrat befinden sich bis zu 12 mm
große beinlose, weißliche, bauchwärts gekrümmte Larven
mit brauner Kopfkapsel.

Käfer: Schwarz bis dunkelbraun, etwa 10 mm groß, vorwiegend nachts aktiv.

Verbreitung: Auftreten des Käfers im Freiland von Mai bis
Juli, nach 4–5 Wochen Reifungsfraß Eiablage in der Erde,
nach ca. drei weiteren Wochen schlüpfen die Larven, Schädigung durch die Larven von Juli bis Mai, Überwinterung also
als Larve, anschließend Verpuppung im Boden. In Gewächshäusern finden sich häufig alle Stadien nebeneinander, so
dass der natürliche, bereits beschriebene Freilandzyklus z. T.
um Wochen und Monate versetzt sein kann.

Vorkommen: *Calluna, Erica, Euonymus, Ilex, Rhododendron,
Rosa, Syringa, Taxus* u. a.
Laut Untersuchungen in England werden Pflanzen mit
gelber Wurzel (z. B. *Berberis*) generell nicht befallen. In Zu-
sammenarbeit mit dortigen Gärtnern wurde eine Liste der
Gattungen erstellt, die von Dickmaulrüssler-Larven nur sel-
ten befallen werden. Dazu gehören u. a. *Amelanchier, Aucuba,
Berberis, Buddleja, Buxus, Cornus, Corylus, Cytisus, Eleagnus, Fa-
gus, Genista, Hebe, Hypericum, Ligustrum, Lonicera, Mahonia,
Philadelphus, Pinus, Prunus, Ribes, Sambucus, Spiraea, Symphoricarpos* und *Vinca*.
Die vorgestellte Übersicht soll als Entscheidungshilfe für
oder gegen den vorbeugenden Einsatz von insektiziden
Granulaten im Substrat dienen.

Abwehr: Sorgfältige Kontrolle der Bestände.

Larven des Dickmaulrüsslers

Käfer des Dickmaulrüsslers

Engerlinge an Wurzeln von *Quercus*

Feldmaikäfer als Käfer (Foto: U. Zunke)

Befallsherd von Engerlingen an *Quercus rubra*

Engerlinge

Schadbild: Gekrümmte weißliche Larven mit verdicktem Hinterende und drei Brustbeinpaaren und braunem Kopf fressen unterirdisch an Wurzeln. Oberirdisch sind im Sommer Welkeerscheinungen an den Pflanzen sichtbar.

Schädlinge:
Feldmaikäfer *(Melolontha melolontha)*

Eiablage von Mai bis Juni, die Larven schlüpfen nach einigen Wochen, sie verbleiben ein zweites und drittes Jahr, manchmal auch ein viertes Jahr im Boden.

Junikäfer *(Amphimallon solstitiale)* u. a.

Schadauftreten vergleichsweise gering. Treten in einigen Regionen verstärkt auf Golfplätzen und im Privatgartenbereich unter Rasenflächen auf und werden häufig mit einem Befall von Feldmaikäfern verwechselt. Junikäfer sind wesentlich kleiner als Maikäfer und von gelblicher Farbe.
Im Gehölzbereich führt der Junikäfer seltener zu Schäden. Nach der Eiablage verbringen die Larven noch drei weitere Jahre im Boden. Die Engerlinge von Mai- und Junikäfer sind nur anhand spezifischer Merkmale am Hinterleib zu unterscheiden.

Verbreitung: Eiablage im Juli, Larven schlüpfen nach einigen Wochen und verbleiben noch weitere Jahre im Boden.

Vorkommen: Die Entwicklung starker Populationen vollzieht sich in Zyklen in der Regel über mehrere Jahrzehnte. Bevorzugte Standorte werden immer neu belegt.

Abwehr: Schwierig, da die Larven sich bis ca. 60 cm eingraben können.

Drahtwürmer

Schadbild: Drahtwürmer (Larven der Schnellkäfer) fressen an den Wurzeln von Jungpflanzen, Sämlingen und Stauden. Aussaaten laufen lückig auf.

Schädling:

Drahtwurm

(Larven von *Agriotes, Athous und Corymbites-Arten*)
Bis 25 mm lange Larven mit drei kurzen Beinpaaren, Tiere sind dünn, walzenförmig, glänzend gelblich braun mit dunkelbraunem Kopf.

Vorkommen: Drahtwürmer treten besonders nach Wiesenumbruch auf schweren Böden auf, sind feuchtigkeitsliebend.

Larve des Schnellkäfers (Drahtwurm)

2.1.3.3. Frei fressende Raupen

Nachfolgend beschriebene Raupen fressen bei verschiedenen Gehölzen an Blättern, Trieben und Wurzeln.

Erdraupen/Eulenraupen

Schadbild: In der Zeit von Juni bis September fressen erdgraue, nackte Raupen nachts zuerst an Blättern, später an der Rinde; Wohnröhrchen im Boden mit etwa 5 mm Durchmesser. Typisch ist das spiralförmige Einrollen der Raupen.

Falter der Wintersaateule

Schädlinge:

Saateule, Wintersaateule *(Scotia segetum u. a.)*

Verbreitung: Unscheinbare Nachtfalter (Eulen) fliegen von Juni bis September. In Ruheposition dachförmig gestellte Flügel, Eier werden an den Blattunterseiten von Unkräutern abgelegt. Tagsüber versteckt sich die Larve (Erdraupe) im Boden oder unter Erdklumpen in der Nähe der Wirtspflanzen. Sie überwintern und verpuppen sich erst im Frühjahr.

Vorkommen: Besonders schädlich an Sämlingen von Laub- und Nadelgehölzen, krautartigen Pflanzen und Gräsern.

Abwehr: Feststellung des Flugverlaufs, Warndienst beachten.

Eulenraupe in Saatbeet von *Pseudotsuga*

Larven der Wiesenschnake

2.1.3.4. Zweiflügler

Bei Schädlingen aus dieser Gruppe ist nur das vordere Flügelpaar vollständig ausgebildet. Die Larven haben niemals Beine.

Schnaken

Schadbild: Larven – auch als „Grauer Wurm" bezeichnet – fressen an Wurzeln und am Stängelhals, Hauptfraßzeit in den Monaten April bis Juni, geschädigte Pflanzen welken.

Schädlinge:
Wiesenschnake (*Tipula paludosa*)
Herbstschnake (*Tipula czizeki*)

Verbreitung: Die Larven verpuppen im Juli. Nach kurzer Puppenruhe schlüpfen die Schnaken. Der Flug ist unbeholfen, Flugzeit der Wiesenschnake ist August bis September, bei der Herbstschnake Oktober bis November. Eiablage in feuchten, dicht bewachsenen Böden, nach 2–3 Wochen schlüpfen die jungen Larven. Die 2,5–4 cm langen, walzenförmigen,

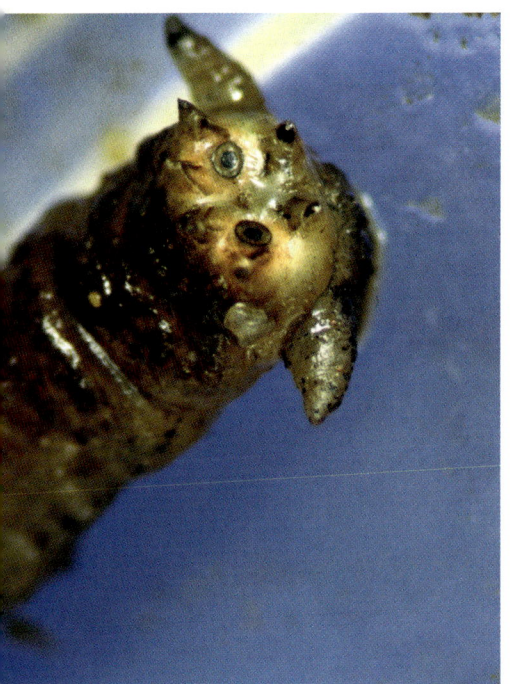

Hinterteil der Larve einer Schnake. Es wird auch als Fratze bezeichnet und dient der Bestimmung der Art (Foto: K. Schrameyer)

Schnake, auch „Schuster" bezeichnet, im adulten Stadium (Foto: K. Schrameyer)

erdgrauen Larven schaden meist erst nach der Überwinterung im Frühjahr.

Vorkommen: Besonders an feuchten Standorten und nach Weideumbruch an Jungpflanzen, milde Winter und kühle Sommer begünstigen das Auftreten.

Abwehr: Stichprobenartige Feststellung des Larvenbesatzes mithilfe von Kochsalzlauge. Vorkommen besonders nach Grünlandumbruch, laufende Beseitigung von Unkräutern.

Trauermücken

Schadbild: An Wurzeln und Stängeln, vorwiegend in der Vermehrungsphase, befinden sich weißliche, mit schwarzem Kopf versehene Larven, Länge etwa 6–8 mm. Die erwachsenen Mücken sind schwarz und ca. 3–4 mm groß.

Schädling:
Trauermücke (*Cycoria- und Sciaria-Arten*)

Vorkommen: Besonders in Gewächshäusern in torfigen Substraten in der Vermehrung.

Abwehr: Verwendung sauberer Substrate (Eiablage durch Abdeckung verhindern), Verwendung von Sandabdeckung.

2.1.3.5. Hornissen

Schadbild: Die Rinde junger Bäume erscheint ab Juli/August fleckenweise oder streifig, z. T. stängelumfassend abgenagt, der Holzteil ist nicht betroffen.

Schädling:
Hornisse (*Vespa crabro*)

Verbreitung: Die überwinternde Königin beginnt im Frühjahr mit dem Bau eines Nestes und dem Aufbau des Volkes, stärkere Völker bilden sich dann bis Mitte des Sommers.

Vorkommen: Besonders an *Betula* und *Fraxinus*. Seit einigen Jahren treten häufiger Schäden durch Hornissen in Baumschulen auf.

Abwehr: Nicht möglich, da es sich um ein geschütztes Insekt handelt.

Larve der Trauermücke, stark vergrößert (Foto: K. Schrameyer)

Fraßschäden von Hornissen an *Fraxinus*

Verbräunung an *Fagus*-Sämlingen durch Auflaufkrankheit

Sommersporenlager des Rosenrosts auf der Blattunterseite von *Rosa*

Sporenlager des Weymouthskiefernblasenrosts an *Pinus strobus*

2.2. Pilzliche Schaderreger

Pilze sind Verursacher vieler Krankheiten an Gehölzen. Sie können sowohl die Blätter und Blüten als auch das Holzgerüst und die Wurzeln befallen.

2.2.1. Auflaufkrankheiten auf Saatbeeten

Schadbild: Junge Keimlinge (Sämlinge) zeigen im Frühjahr Verbräunungen im Bereich der Wurzel und des Wurzelhalses.

Schaderreger: Als Erreger kommen Pilze der Gattungen *Cylindrocarpon*, *Cylindrocladium*, *Fusarium*, *Pestalotia*, *Pythium*, *Phytophthora* und *Rhizoctonia* in Betracht. Eine genaue Diagnose ist erst nach Isolierung des Erregers möglich.

Abwehr: Aussaat möglichst auf leichten Böden, optimale Bodenvorbereitung.

2.2.2. Rostpilze

Schadbild: Rostpilze sind in der Regel leicht an ihren unterschiedlich gefärbten (gelb, orange im Frühjahr/Frühsommer bis schwarz im Herbst und Winter) und den geformten Sporenlagern, die mit bloßem Auge deutlich sichtbar sind, zu erkennen. Bei Laubgehölzen werden meist die Blätter befallen, die dann häufig vorzeitig abfallen. An Nadelgehölzen kann auch die Rinde ganzer Triebe und Äste zerstört werden (*Juniperus*, Weymouthskiefernblasenrost).

Verbreitung: Manche Rostpilze sind wirtswechselnd, d. h., für ihren vollständigen Entwicklungskreislauf ist eine zweite Wirtspflanze einer anderen Gattung erforderlich. Andere Rostpilze sind nicht auf eine zweite Wirtspflanze angewiesen. Wirtswechselnde Rostpilze sind u. a. der Getreideschwarzrost (Getreide/*Berberis vulgaris*), Birnengitterrost (*Juniperus*/*Pyrus*) und der Weymouthskiefernblasenrost (*Pinus strobus*/*Ribes*). Nicht wirtswechselnde Rostpilze sind z. B. der Rosenrost und der Rost an *Hypericum*.

Abwehr: Räumliche Trennung der Wirtspflanzen bei wirtswechselnden Rostpilzen. Auswahl resistenter Arten und Sorten, z. B. bei der Rose und der Schwarzen Johannisbeere.

2.2.3. Echter Mehltau

Schadbild: Weißer mehliger Belag auf Blättern und jungen Trieben, vorwiegend auf der Blattoberseite während der Vegetationsperiode. Bei einem starken Befall kann es sogar zu Verbräunungen und Kräuselungen der Blätter kommen.

Verbreitung: Der Befall mit Echten Mehltaupilzen findet häufig auch während heißer, trockener Sommerperioden statt, weil die Sporen zur Keimung kein zusätzliches Wasser benötigen. Echte Mehltaupilze sind spezialisiert auf bestimmte Pflanzengattungen, ein Befall von z. B. Ahornmehltau auf Eiche und umgekehrt ist daher nicht möglich.

Vorkommen: Hauptwirtspflanzen sind u. a.: *Acer* (besonders *A. campestre*), *Crataegus, Euonymus, Malus, Potentilla, Quercus, Ribes* und *Rosa*.

Abwehr: Ausgewogene Düngung mit Stickstoff und Verwendung resistenter Sorten ist heute vielfach schon möglich (Rosen, Schwarze Johannisbeeren, Stachelbeeren usw.).

Echter Mehltau an *Quercus*

2.2.4. Falscher Mehltau

Schadbild: Auf den Blättern befinden sich graugrüne bis rötlich violette Flecken, blattunterseits bildet sich manchmal ein grauer Pilzrasen. Am bekanntesten ist der Schaderreger an der Rose. Hier setzt von unten beginnend meistens Blattfall ein. Daher wird die Krankheit in der Praxis auch als Blattfallkrankheit bezeichnet. Werden Blütenstiele und Blüten der Rose befallen, führt das häufig zum Verwelken der Blütenknospen. Die Unterscheidung zwischen Echten und Falschen Mehltaupilzen gestaltet sich manchmal schwierig, da oft Mischinfektionen mit beiden Erregern vorliegen.

Verbreitung: Der Erreger des Falschen Mehltaupilzes überwintert am Pflanzenmaterial. Für die Ausbreitung im Bestand sind kühle und feuchte Witterungsbedingungen und dichte Pflanzenbestände von Vorteil.

Vorkommen: In der Baumschule treten Falsche Mehltaupilze u. a. an *Amelanchier, Buddleja, Crataegus, Rosa* und *Rubus* auf.

Echter Mehltau an *Acer*

Rötliche Verfärbungen auf den Blättern von *Rosa* durch Befall mit Falschem Mehltau

Olivgrüne bis bräunliche Blattflecken an *Malus* durch Befall mit Schorf

2.2.5. Schorf

Schadbild: Im Frühjahr treten an der Blattoberseite oliv-braune, später schwarze bis silbrige Flecken auf, bei starkem Befall auch Blattfall. Flecken bilden sich auch an Blüten-kelchen und jungen Früchten. Diese reißen später auf, eine anschließende Infektion mit Fäulniserregern ist möglich.

Verbreitung: Die Infektion von Blättern ist abhängig von der Dauer der Blattnässe und der Temperatur. Beim Apfelschorf liegen darüber sehr genaue Erkenntnisse vor, die in der soge-nannten Mills'schen Tabelle dargestellt sind. Mithilfe dieser Tabelle lässt sich eine Infektion vorhersagen und somit eine gezielte Behandlung durchführen.

Vorkommen: Wirtspflanzen sind *Malus*, *Pyracantha*, *Pyrus* und *Salix*.

Abwehr: Nutzung der unterschiedlichen Sortenanfälligkeit bei Apfel, Birne sowie deren Zierformen und *Pyracantha*.

Rötliche Pusteln an *Acer* durch Befall mit der Rotpustelkrankheit

2.2.6. Rotpustel

Schadbild: Typisches Erkennungszeichen dieser Krank-heit sind kleine rötliche bis cremefarbene Pusteln auf dem befallenen Holzkörper. Bis zur Bildung dieser Pusteln können je nach Jahreszeit und Witterung einige Monate vergehen. Bereits vorher zeigen befallene Holzpartien eine bräunliche Verfärbung.

Verbreitung: Der Erreger infiziert nur über Wunden (Schnitt-wunden, Frostrisse, Wildverbiss, Borkenkäfer usw.). Intaktes Rindengewebe kann der Pilz nicht durchdringen. Für die Infektion reichen aber selbst kleinste Wunden aus.

Vorkommen: Besonders gefährdet sind u. a. *Acer*, *Aesculus*, *Amelanchier*, *Carpinus*, *Crataegus*, *Fraxinus*, *Ribes*, *Robinia* und *Tilia*.

Abwehr: Rückschnitt befallener Pflanzenteile, Wunden sofort sorgfältig mit Wundverschlussmitteln behandeln. Vorbeu-gend schonende Behandlung der Pflanzen, da es sich um einen Schwächeparasiten handelt, der die Pflanze nur befällt, wenn sie bereits vorher geschwächt war.

2.2.7. Bleiglanz

Schadbild: Blätter einzelner Äste oder ganzer Bäume und Sträucher zeigen untypische matte, silbrige Farbe. Pflanzen bleiben insgesamt im Wuchs zurück. Das Schadbild kann über viele Jahre konstant bleiben, bevor der Baum/Strauch abstirbt.

Schaderreger:

Bleiglanz (*Chondrostereum purpureum*)

Verbreitung: Der pilzliche Erreger dringt vorwiegend während der Wintermonate über offene Wunden in die Pflanze ein. Im Holz zeigen sich bräunliche Verfärbungen. Die silbrigen Blattverfärbungen entstehen durch die Absonderung von Toxinen. Sie führen zur Ablösung der Epidermis vom Schwammgewebe. Die Verbreitung des Erregers erfolgt durch Sporen, die auf violetten Sporenkissen befallener Pflanzen gebildet werden.

Vorkommen: Seit einigen Jahren ist ein verstärktes Auftreten an *Prunus*- und *Malus*-Arten zu beobachten. Gleiches gilt für viele Zier- und Forstgehölze.

Abwehr: Sorgfältige Entfernung befallener Pflanzen aus dem Bestand.

Dunkle Verfärbungen im Stamm von *Malus* nach Befall mit Bleiglanz

Violette Sporenkissen vom Bleiglanz an *Malus*

Befall von Bleiglanz an *Symphoricarpos* 'Magic Berry', rechtes Blatt mit, linkes Blatt ohne Befall

Befall von Bleiglanz an *Pyracantha* 'Red Column', linkes Blatt mit, rechtes ohne Befall

Helles Pilzmycel vom Hallimasch zwischen Rinde und Holz mit dunklen Rhizomorphen (Foto: R. Weber)

Fruchtkörper vom Hallimasch am Wurzelstumpf einer Süßkirsche (Foto: R. Weber)

2.2.8. Hallimasch

Schadbild: Plötzliche Welkeerscheinungen an Laub- oder Nadelgehölzen (insbesondere Obstbäume) einerseits, aber andererseits auch ein schleichendes Siechtum über Jahre sind typische Anzeichen. Am Wurzelhals lässt sich die Rinde leicht entfernen. Dabei wird dann ein dichtes Pilzgeflecht sichtbar.

Schaderreger:
Honiggelber Hallimasch (*Armillaria mellea*)
Dunkler Hallimasch (*Armillaria ostoyae*) u.a. Arten

Verbreitung: Als Besonderheit bildet der Hallimasch wurzelähnliche Stränge, sogenannte Rhizomorphen aus. Diese sind 1–3 mm dick und wachsen 1–2 m pro Jahr in der oberen Bodenschicht auf der Suche nach neuen Wirtspflanzen. Die Infektion von Gehölzen kann aber auch über direkten Wurzelkontakt mit einer befallenen Pflanze erfolgen.

Vorkommen: Praktisch alle Laub- und Nadelgehölze können befallen werden, die sich vorwiegend in Privatgärten und Parkanlagen befinden. Probleme in Baumschulen und Weihnachtsbaumkulturen sind nur auf Flächen mit mehrfachem Nachbau ohne Entsorgung bzw. gründlicher Zerkleinerung der Wurzelreste zu finden.
Eine Verwechslung mit der *Verticillium*-Welke ist bei Laubgehölzen möglich, Nadelgehölze sind davon bekanntlich nicht betroffen.

Abwehr: Optimierung der Standortbedingungen, sorgfältige Beseitigung grober Wurzelreste nach der Beseitigung von Gehölzen. Es stehen keine wirksamen Präparate zur Behandlung befallener Gehölze zur Verfügung.

2.3. Bakterielle Schaderreger

Schadbild: An Obst- und Ziergehölzen können unterschiedliche Schadsymptome entstehen. Sie reichen von einer Tumorbildung an der Wurzel, hervorgerufen durch Wurzelkropf, bis zum Welken oberirdischer Pflanzenteile bei Befall mit Feuerbrand. Häufig sind dabei auch Schleimabsonderungen zu beobachten.

Verbreitung: Die Infektion kann durch die natürlichen Öffnungen der Pflanze, wie z. B. Lentizellen, nicht kutinisiertes Gewebe der Blütennarbe, und durch Verletzungen erfolgen. Eine Übertragung kann mit Schnittwerkzeugen, Spritzwasser, aber auch mithilfe von Wind, Insekten, Vögeln und Menschen über größere Entfernungen erfolgen.

Abwehr: Rückschnitt befallener Pflanzen, Meidung verseuchter Standorte (nur bei *Agrobacterium*).

Folgende Erreger haben in Baumschulen allgemeine Bedeutung (Feuerbrand siehe bei einzelnen Gattungen):

Efeukrebs (*Xanthomonas campestris*) an *Hedera*, **Bakterienkrebs** (*Aplanobacter populi*) an *Populus* und *Salix*, **Fliederseuche** (*Pseudomonas syringae*) an *Cornus*, *Forsythia* und *Syringa* und der **Bakterienbrand des Steinobstes** (*Pseudomonas mors-prunorum*) an *Prunus*.

Schadbild der bakteriellen Schrotschuss-Krankheit an Kirschlorbeer

Schadbild: An den Wurzeln befinden sich tumorartige Wucherungen, die einen Durchmesser von mehreren Zentimetern aufweisen.

Schaderreger:

Wurzelkropf (*Rhizobium radiobacter*)

Vorkommen: Anfällig sind alle Gehölze aus der Familie der Rosengewächse, besonders *Malus* und *Pyrus*. Das Bakterium infiziert die Pflanze über Wunden.

Abwehr: Verwendung gesunden Pflanzenmaterials, Meidung befallener Flächen mit anfälligen Gehölzen, weite Fruchtfolge.

Wucherung an Wurzel von *Pyrus* durch Befall mit Wurzelkropf

Weißfärbung der Blätter durch Befall mit Virosen

Gelbliche Marmorierung am Blatt von *Sorbus aucuparia* durch Befall mit Virosen

2.4. Viren und Phytoplasmen

Viren und Phytoplasmen verursachen an Obst- und Ziergehölzen wirtschaftlich bedeutende Schäden. Die Abkürzung MLO (Mykoplasmen-ähnliche Organismen) ist nicht mehr gebräuchlich. Diese Organismen werden heute als Phytoplasmen bezeichnet. Da sich Viren und Phytoplasmen in vielen Merkmalen ähneln, soll hier die Beschreibung in einer Gruppe erfolgen.

Schadbild: Virosen und Phytoplasmosen können in Form von Farbveränderungen, wie z. B. Vergilbungen, Adernbänderung, Fleckung, Ringfleckigkeit, Linien- und Bandmusterungen äußerlich an der Pflanze sichtbar werden. Veränderungen der Stängel-, Stamm- und Fruchtform sowie des Fruchtgeschmacks sind ebenfalls möglich.

Verbreitung: Die Übertragungsmöglichkeiten von Viren sind vielfältig. Die Veredlung von befallenen Reisern bzw. auf befallene Unterlagen ist hier zu nennen. Viele werden auch durch Pollen und Samen übertragen. Weiterhin spielen die sogenannten Vektoren (Insekten, Milben, Nematoden) eine große Rolle. In bestehenden Kulturen ist eine Übertragung auch mittels direkten Wurzelkontakts möglich. Phytoplasmen sind nur in den Siebröhren (Phloem) der Pflanze und nur zu bestimmten Jahreszeiten zu finden. Bei der Übertragung auf andere Pflanzen spielen daher Insekten (Vektoren) aus der Gruppe der Blattsauger eine entscheidende Rolle. Als Beispiele können hier Apfel- und Birnenblattsauger genannt werden.

Abwehr: Eine direkte Bekämpfung von Viren ist nicht möglich. Daher zielen alle Maßnahmen auf die Verhinderung der Ausbreitung. Entscheidend ist die Verwendung von gesundem Ausgangsmaterial und konsequenter Bekämpfung der Überträger (Vektoren).

Nachfolgend einige Beispiele für Virosen und Phytoplasmosen an Obstgehölzen. Die gleichen Erreger können auch an Ziergehölzen ähnliche Schadbilder auslösen (siehe Abbildung *Spiraea*).

2.4.1. Apfelmosaik Virus (*Apple mosaic virus u.a.*)

Die Blätter zeigen kleine, eckige, gelb-weiße Flecken, Ringe oder Streifen. Bäume werden von dieser Virose oft nur partiell befallen. Da die Symptome gut sichtbar sind und durch die sorgfältige Selektion des Reisermaterials, ist diese Viruserkrankung heute nur noch selten zu finden.

Blattsymptome an *Malus* durch den Apfelmosaik Virus (Foto: V. Zahn)

2.4.2. Chlorotisches Blattfleckenvirus (*Apple chlorotic leaf spot virus*)

Diese Virose ist vielfach nur latent in der Pflanze vorhanden. Neben den typischen chlorotischen Flecken als Blattsymptom können auch Veränderungen am Holz auftreten.

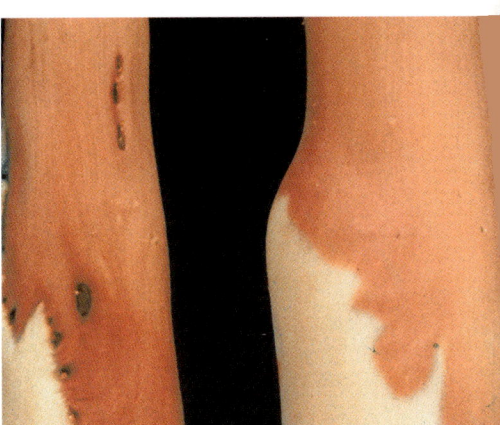

Dunkle Verfärbungen im Übergangsbereich durch Befall mit Chlorotischem Blattfleckenvirus (Foto: V. Zahn)

2.4.3. Apfeltriebsucht, Besenwuchs (*Apple proliferation phytoplasm*)

Befallene Pflanzen zeigen den typischen Besenwuchs, vergrößerte Nebenblätter und einen vorzeitigen Austrieb im Frühjahr. Das Holz an den Hexenbesen ist gerötet und reift schlecht aus. Hierbei handelt es sich derzeit um die wichtigste Phytoplasmose des Apfels.
Als bedeutender Überträger (Vektor) gilt der Sommerapfelblattsauger. Zur Anfälligkeit von Sorten und Unterlagen liegen erste Erkenntnisse vor. So gilt die Sorte 'Topaz' als anfällig. Es handelt sich um eine meldepflichtige Quarantänekrankheit.

Untypische Verzweigung (Besenwuchs) beim Apfel durch Befall mit Apfeltriebsucht (Foto: G. Heineking)

Vorzeitige Herbstfärbung eines Birnen-
baumes nach Befall mit dem Birnenverfall.
(Foto: P. Kruse)

2.4.4. Birnenverfall (*Pear decline phytoplasm*)

Befallene Pflanzen zeigen ein vermindertes Triebwachstum
und kleinere Blätter mit Aufhellungen. Im Spätsommer wird
eine vorzeitige Rotfärbung der Blätter sichtbar. In Ertragsanlagen sind Fruchtansatz und Fruchtgröße reduziert.
Als bedeutender Überträger (Vektor) dieser Phytoplasmose
gilt u. a. der Birnenblattsauger. Mit der Zunahme des Anbaus
von Birnen in Nordeuropa hat dieser Erreger an Bedeutung
gewonnen. Es handelt sich um eine meldepflichtige Quarantänekrankheit.

2.4.5. Stecklenberger Krankheit, Nekrotisches Ringflecken Virus der Kirsche (*Prunus necrotic ringspot virus*)

Auf den Blättern bilden sich kleine nekrotische Flecken, eine
Verwechslung mit der Schrotschusskrankheit ist möglich.
Befallen werden vor allem Sauerkirschen (Stecklenberger
Krankheit), aber auch Süßkirschen können befallen werden.
Die Übertragung durch Veredlung ist möglich, ebenso durch
Pollen und Samen.

Braune Flecken an Kirschblättern durch
einen Befall mit dem Nekrotischen Ring-
flecken Virus (Foto: V. Zahn)

2.4.6. Viröse Kleinfrüchtigkeit der Kirsche (*Little cherry virus*)

Typisches Merkmal dieser Virose ist die bronzeartige Verfärbung der Blätter im Herbst, die ca. zwei Wochen früher als bei gesunden Bäumen auftritt. Die Früchte befallener Bäume sind kleiner und schmecken bitter. Eine Übertragung erfolgt u. a. durch Veredlung und Vektoren (Ahorn-Schmierlaus).

Bräunliche Blattverfärbungen an Süßkirsche durch Befall mit der Kleinfrüchtigkeit (Foto: V. Zahn)

Veränderung der Fruchtgröße bei der gleichen Sorte durch Befall mit dem Virus der Kleinfrüchtigkeit (Foto: G. Palm)

Hellgrüne Fleckenbildung auf Pflaumenblatt durch Befall mit dem Scharkavirus
(Foto: M. Petruschke)

2.4.7. Scharkakrankheit, Pockenkrankheit (*Plum pox virus*)

Befallene Blätter von Aprikose, Pfirsich, Pflaume, Zwetsche (insbesondere 'Hauszwetsche') und Zierformen von *Prunus* zeigen im Frühsommer unscharf begrenzte hell- bis oliv-grüne Flecken und/oder Ringe. Schadsymptome sind unter durchscheinendem Licht besser zu erkennen.
Die Übertragung kann u. a. durch Veredlung und Vektoren (vorwiegend Blattlaus-Arten) erfolgen. Vielfach stehen heute virustolerante Sorten z. B. bei Pflaumen und Zwetschen ('Stanley', 'Bühler Frühzwetsche', 'Hanita' u. a.) zur Verfügung.

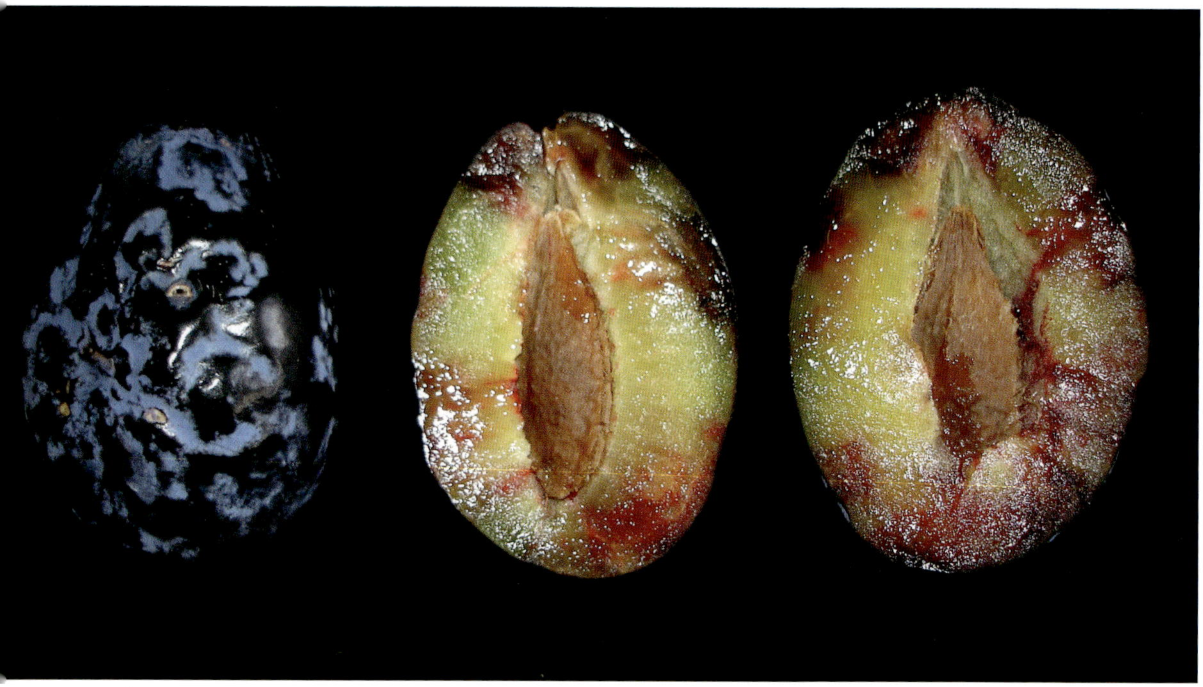

Veränderungen an Früchten durch Befall mit Scharkavirus (Foto: M. Petruschke)

2.5. Klimatische Schäden

Seit ca. zehn Jahren wird vermehrt über Stammschäden an Straßenbäumen und in der baumschulischen Produktion berichtet. Ob diese bereits Auswirkungen des allgemein diskutierten Klimawandels sind, soll hier nicht weiter erörtert werden. Vielmehr soll das Problem anhand einiger Beispiele dargestellt und Möglichkeiten einer Abgrenzung der Schadbilder aufgezeigt werden.

Sonnenbrand, Sonnenbrandnekrosen

Auf der Rinde junger Bäume bilden sich borkige Stellen, vorwiegend im unteren bis bodennahen Bereich des Stammes. Besonders häufig betroffen sind *Aesculus*- und *Tilia*-Arten. Insbesondere nach einer Verpflanzung sind sie an exponierten Standorten nicht in der Lage, sich ausreichend mit Wasser zu versorgen. Häufig findet man im städtischen Bereich ganze Alleen mit Nekrosen. Die Schäden befinden sich immer im Bereich des Stammes, wo zwischen 14 und 16 Uhr die Sonne auftrifft. Derartige Schäden sind an *Quercus*-Arten selten zu finden.

Vorbeugend hat sich unter anderem die Verwendung von Matten aus Schilfrohr und hellen Schutzanstrichen mit mehrjähriger Haltbarkeit bewährt. Der Schutz mithilfe von Lehm-Jute-Bandagen ist nach neuesten Erkenntnissen nicht zu empfehlen.

Frostrisse im Winter

Die Rinde von Alleebäumen reißt der Länge nach auf. Die Risse sind wenige Millimeter bis einige Zentimeter breit und häufig länger als 100 cm. Betroffen sind meist nur die unteren Bereiche des Stammes in südlicher bis südwestlicher Himmelsrichtung. Besonders betroffen sind die verschiedensten *Acer*- und *Tilia*-Arten.

Gleichartige Stammrisse können auch durch den pilzlichen Erreger *Verticillium* verursacht werden. Die Risse sind dann aber an den Bäumen nicht nach der Himmelsrichtung angeordnet, sondern zeigen eher ein zufälliges Verteilungsmuster. Eine genaue Abklärung ist i. d. R. nur durch eine Laboruntersuchung möglich.

Vorbeugend sind die unter dem Punkt 'Sonnenbrand' genannten Maßnahmen wirksam.

Sonnenbrandnekrosen an *Aesculus carnea*

Frostriss an *Tilia* mit fortgeschrittener Wundheilung

Spätfrostschaden im Mai an jungem Austrieb von *Quercus petraea*

Spätfrostschäden, Frühfrostschäden

Schäden durch Forsteinwirkung können nicht nur am Holz, sondern auch am jungen Austrieb im Frühjahr (Spätfrost) oder im Herbst am noch weichen Trieb (Frühfrost) erfolgen. Die natürliche Spätfrosthärte von Gehölzen ist sehr unterschiedlich. Besonders betroffen sind Nadelgehölze der Gattung *Abies*, *Larix* und *Pseudotsuga*, während *Picea abies* relativ spätfrostverträglich ist. Bei den Laubgehölzen sind u. a. *Fraxinus*-, *Juglans*-, *Tilia*- und *Quercus*-Arten, insbesondere *Quercus petraea*, besonders gefährdet.

Frühfrostschaden an *Pseudotsuga* im Oktober

Frostschaden (Winterfrost) an den Blättern von Kirschlorbeer

Hagelschäden

Auf der Rinde von Laubgehölzen befinden sich aufgeplatz-
te, rundliche Stellen mit einer Größe von ca. 0,5 bis 1 cm.
Nachfolgend setzt Kallusbildung ein. Besonders empfindlich
auf Hagelschläge reagieren *Alnus*-Arten und *Acer pseudopla-
tanus*. Wesentlich robuster sind dagegen *Carpinus betulus,
Tilia-* und *Quercus*-Arten.
Nadelgehölze zeigen zunächst ein einseitiges Verkahlen der
Zweige. Die Nadeln werden regelrecht abgeschlagen. Rin-
denschäden sind selten zu finden. Besonders empfindlich für
Hagelschläge ist die Gattung *Pseudotsuga*, während *Picea-,
Pinus-* und *Abies*-Arten seltener Schäden zeigen.

Hagelschäden an *Alnus glutinosa*

Hagelschaden an jungem Apfelbaum (Foto: Gärtnerhagel)

Hagelschäden an *Picea abies*

33

Starker Belag von Rotalgen auf dem Stamm einer Eiche

2.6. Algen und Flechten

Auf vielen Pflanzen sind Algen, Flechten und Moose zu finden. Sie führen zu keinerlei Beeinträchtigung des Pflanzenwachstums. Bei starkem Auftreten sind Produzenten und Gehölzliebhaber aber dennoch beunruhigt. Das gilt u. a. für Rotalgen der Gattung *Trentepohlia* auf Baumstämmen im unteren Bereich und am Stammgrund. Sie haben in den vergangenen Jahren stark zugenommen. An den Anblick von grün gefärbten Algen wie z. B. der Gattung *Apatococcus* ist der Gartenliebhaber eher gewöhnt und daher nicht sonderlich beunruhigt. Algen auf Bäumen entziehen den Pflanzen keine Nährstoffe oder Feuchtigkeit. Auf den Nadeln von Gehölzen sind sie nur in sehr dichten Beständen zu finden und fast immer nur einen optischen Makel einer Pflanze. Bei den Flechten handelt es sich um eine Lebensgemeinschaft (Symbiose) aus Pilzen und Algen. Sie zeigen eine breite Farb- und Formenpalette und entziehen den Bäumen ebenfalls keine Nährstoffe oder Feuchtigkeit.

Grünalgen auf dem Stamm eines Ahorns

Gelbe und graue Flechten auf dem Stamm von Ahorn

3. Schadbilder an Nadelgehölzen

3.1. *Abies* – Tanne

Schadbild: Im Frühjahr sind große (3–5 mm) dunkelbraune Läuse auf der Rinde zu sehen. Sie sitzen meist dicht gedrängt am Leittrieb der Pflanze. Bei stärkerem Auftreten kann es zur Vergilbung von Nadeln kommen.

Schaderreger:
Baumläuse, Rindenläuse *(Cinara*-Arten u.a.)

Verbreitung: Die jeweiligen Arten unterscheiden sich in ihrem Entwicklungskreislauf. Es werden mehrere Generationen pro Jahr gebildet. Die Überwinterung kann als Ei und als Insekt erfolgen.

Vorkommen: Vorwiegend an *A. nordmanniana* bei der Kultur von Weihnachtsbäumen und auch an Baumschulkulturen zu finden.

Abwehr: Schäden an den Pflanzen sind nur bei stärkerem Befall zu erwarten. Bei Bedarf können Präparate gegen saugende Insekten eingesetzt werden.

Rindenläuse dicht gedrängt auf der Rinde von *A. nordmanniana*

Schadbild: An den Unterseiten von jungen Austrieben sind ab Anfang Juni grünliche, bis bläuliche Läuse zu finden. Später kommt es auch zu stärkeren Wachsabscheidungen. Nadeln befallener Triebe sind nach oben gebogen.

Schädling:
Europäische Weißtannentrieblaus *(Mindarus abietinus)*

Vorkommen: Neben *Abies nordmanniana* auch an *A. alba, A. concolor* u.a.

Abwehr: Bei stärkerem Auftreten Anwendung von Präparaten gegen Blattläuse

Weißtannentriebläuse an jungem Austrieb der Nordmannstanne

Befallsbild an *A. nordmanniana*

Rotbraune Verfärbung einzelner Pflanzen von *A. procera* nach Befall mit *Fusarium*

Schadbild: Auf dem oberen Teil der Nadeln bilden sich zunächst rotbraune Flecken, anschließend verfärbt sich der gesamte Bereich braun und fällt ab. Teilweise sind kleine schwarze Sporenlager auf den Nadeln zu finden.

Schaderreger:

Nadelbräune (*Kabatina abietis*, syn. *Sydowia polyspora*)

Verbreitung: In Lagen mit hoher Luftfeuchtigkeit und in Jahren mit häufigen Niederschlägen sind die Kulturen besonders gefährdet. Eine Verwechslung des Schadbildes mit anderen Ursachen (Sonnenbrand, Calcium-Mangel, Herbizidschäden usw.) ist leicht möglich. Daher sollte immer eine genaue Untersuchung erfolgen.

Vorkommen: Vorwiegend an *Abies nordmanniana* in Weihnachtsbaumkulturen und Baumschulen sowie an *A. grandis* zu finden.

Abwehr: Meidung von feuchten Lagen, bei Bedarf Anwendung von Fungiziden. Der mögliche Bekämpfungserfolg durch Fungizide wird bei diesem Erreger in der Praxis aber sehr kontrovers diskutiert.

Schadbild: Einzelne Pflanzen zeigen auf dem Verschulbeet zunächst eine fahlgraue Farbe, später werden die Nadeln rotbraun.

Schaderreger:

Fusarium-Welke (*Fusarium oxysporum* und andere Erreger)

Verbreitung: Der Erreger bildet Dauersporen im Boden und besiedelt geschwächte Pflanzen über die Wurzel. Ungünstige Standortbedingungen, wie Staunässe, fördern die Ausbreitung.

Vorkommen: Fast ausschließlich an *Abies procera* auf Verschulbeeten zu finden. Des Weiteren auch auf vielen Nadelholzsaatbeeten.

Abwehr: Regelmäßige Desinfektion von Betriebseinrichtungen und Kulturflächen.

Schadbild: Nadeln junger Triebe im April bis Juni verkümmert oder nach unten gebogen und mit zahlreichen dunklen Läusen (ca. 2 mm) mit weißem Wachspuder versehen, bei starkem Befall völlige Vernichtung der Maitriebe.

Schädling:

Tannentrieblaus (*Dreyfusia sp.*)

Verbreitung: Überwinterung als Larve am Stamm und Eiablage im Frühjahr an der Basis der Knospen.

Vorkommen: *Abies alba, Abies nordmanniana, Abies balsamea.*

Nadelverkrümmungen am Zweig von *Abies nordmanniana* durch Befall mit Tannentrieblaus

Schadbild: Auf der Unterseite der Nadeln bilden sich im Sommer gelbliche bis orangefarbene längliche Sporenlager.

Schaderreger:

Tannennadelrost (*Pucciniastrum epilobii*)

Verbreitung: Erreger ist wirtswechselnd zwischen Tanne und Weidenröschen, d. h., er wechselt im Spätsommer von der Tanne zum Weidenröschen.

Vorkommen: Problematisch, da vorwiegend auf Weihnachtsbäumen von *A. nordmanniana.*

Abwehr: Konsequente Bekämpfung des Weidenröschens ist nur bedingt erfolgreich.

Tannennadelrost an *A. nordmanniana*

Schadbild: Der weiche, krautige Austrieb der Pflanzen im Frühjahr wird plötzlich braun, der frische Trieb hängt herab. Bei späterem Befall sind nur die Nadeln betroffen. Bei anhaltend feuchter Witterung bildet sich ein mausgrauer Pilzrasen. Befallene Triebe fallen später ab.

Schaderreger:

Grauschimmel (*Botrytis cinerea*)

Hinweis: Das Schadbild kann leicht mit Spätfrostschäden verwechselt werden. Betroffene Triebe verbleiben bei Spätfrostschaden aber an der Pflanze.

Vorkommen: Problematisch, da vorwiegend an *Abies nordmanniana.*

Abwehr: Vermeidung dichter Bestände auf dem Saat- und Verschulbeet. Windoffene Lagen bevorzugen.

Anfangsstadium von Grauschimmel an *A. nordmanniana*

3.2. *Chamaecyparis* – Scheinzypresse

Schadbild: Einzelne Pflanzen im Bestand werden fahl im Erscheinungsbild, Rinde im Wurzel- und Wurzelhalsbereich ist braun verfärbt. Zur Bestätigung Schnittprobe durchführen.

Schaderreger:

Stamm- und Wurzelfäule (*Phytophthora cinnamomi*)

Verbreitung: Die Verbreitung der Sporen erfolgt in der Regel über das Wasser. In geschlossenen Bereg- nungssystemen besteht die Gefahr der Verbreitung über das Gießwasser.

Vorkommen: Als besonders anfällig gilt u. a. *Cham. law.* 'Ellwoodii'. Neben *Chamaecyparis*- werden auch *Juniperus*-Arten häufig befallen.

Abwehr: Optimierung der Bewässerung, Verwendung durchlässiger Substrate.

Fortlaufende Befallsentwicklung an *Chamaecyparis*

Triebverbräunung durch Zweigsterben an *Juniperus* (Foto: B. Schaefer)

3.3. *Juniperus* – Wacholder

Schadbild: Triebspitzen und einjährige Zweige werden im Frühjahr/Frühsommer gelblich bis braun, bei blauen Formen graugrünlich bis schwärzlich und sterben ab. Erkranktes und gesundes Gewebe ist scharf abgegrenzt.

Schaderreger:

Zweigsterben (*Kabatina juniperi*)

Vorkommen: Vorwiegend an *Juniperus chinensis* und deren Sorten, aber auch andere Arten werden befallen.

Abwehr: Durch Magnesium- und Manganmangel begünstigt, daher erscheint eine Überprüfung der Nährstoffversorgung ratsam.

Schadbild: Auf den Ästen und Zweigen bilden sich pols- terartige Sporenlager von gelblicher, brauner oder oranger Farbe. Bei anhaltend feuchter Witterung sind diese oft schleimig, sonst hart. Befallene Triebe sterben manchmal erst nach Jahren ab.

Schaderreger:

Wacholderrost (*Gymnosporangium*, verschiedene Arten)

Verbreitung: Die Erreger sind je nach Art wirtswechselnd mit unterschiedlichen Laubholz-Arten, u. a. mit *Pyrus*, aber auch mit *Crataegus, Sorbus* usw.

Vorkommen: Auf verschiedenen Arten von *Juniperus*, vor allem an *J. sabina*-, *J. chinensis*- und *J. media*-Sorten. Nach Un- tersuchungen in der Schweiz sind *J. horizontalis* und *J. squa- mata* weniger anfällig. Die Anfälligkeit erscheint laut diesen Untersuchungen eher sorten- als artspezifisch zu sein.

Abwehr: Räumliche Trennung der Wirtspflanzen hat in der Regel nur begrenzte Wirkung.

3.4. *Larix* – Lärche

Schadbild: Nadeln von der Spitze her durch kleine Raupen ausgehöhlt, erscheinen in der oberen Hälfte hell und durch- sichtig, Wuchshemmung der Pflanzen nur bei stärkerem Befall.

Schädling:

Lärchenminiermotte (*Coleophora laricella*)

Verbreitung: Eiablage einzeln an Lärchennadeln im Mai/Juni, geschlüpfte Raupen bohren sich in Nadeln ein, fressen deren Spitzen aus oder beißen diese ab. Überwinterung als Raupe an Triebknospen in leeren Nadelhüllen, im Frühjahr nach Knospenfraß Verpuppung an Nadeln, Falterflug ab Mai.

Vorkommen: Lärchen in allen Altersklassen, gelegentlich auch an *Douglasie* sowie *Tsuga heterophylla*.

Stark angeschwollene Sporenlager des Wacholderrosts an *Juniperus* (Foto: B. Schaefer)

Schadbild an *Larix* (Foto: B. Schaefer)

Lärchenminiermotte an *Larix* (Foto: B. Schaefer)

Schadbild der Lärchenschütte an
L. decidua

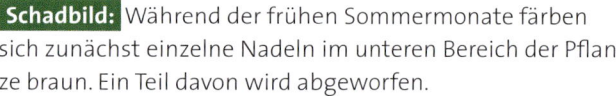

Schadbild: Während der frühen Sommermonate färben sich zunächst einzelne Nadeln im unteren Bereich der Pflanze braun. Ein Teil davon wird abgeworfen.

Schaderreger:
Lärchenschütte (*Meria laricis*)

Verbreitung: Die Infektion der Lärche erfolgt zum Beginn des Sommers. Feuchte Perioden fördern die Entwicklung des Erregers.

Vorkommen: Besonders häufig in Baumschulen an der Europäischen Lärche (*L. decidua*), selten an der Japanischen Lärche (*L. kaempferi*) und den Hybriden zu finden.

Abwehr: Enge Pflanzabstände vermeiden.

Gallen der Kleinen Fichtengallenlaus an
Picea (Foto: B. Schaefer)

3.5. *Picea* – Fichte

Schadbild: Blassgrüne oder rötliche, höchstens haselnussgroße Gallen, die später braun werden, vor allem an der Basis der Maitriebe (Grüne Fichtengallenlaus) oder an Triebspitzen (Rote Fichtengallenlaus) mit zu Schuppen zurückgebildeten Nadeln.

Schädlinge:
Kleine Fichtengallenlaus (*Adelges laricis*)
Grüne Fichtengallenlaus (*Sacchiphantes viridis*)

Verbreitung: Im Hochsommer (Juli/August) platzen die Gallen auf und entlassen dunkle geflügelte Fichtengallenläuse, die wiederum auf die Lärche (Nebenwirt) wechseln. Weitere geflügelte Stadien wandern auf die Fichte (Hauptwirt) zurück.

Schadbild: An den Nadeln zunächst gelblichen Flecke, die schnell braun werden, Nadelfall. Saugschäden zuerst an unteren, inneren Zweigen, grundsätzlich an alten Nadeln durch ca. 2 mm große Läuse mit roten Augen.

Schädling:
Fichtenröhrenlaus, Sitkalaus (*Liosomaphis abietina*)

Verbreitung: Blattläuse ungeflügelt vermehrt im Frühjahr, geflügelte vorwiegend bis Mitte Juni, Überwinterung in Form schwarzer Wintereier an Trieben, Massenvermehrung in milden Wintern.

Vorkommen: Reihenfolge des Befalls: *Picea pungens* 'Glauca', *Picea glauca* 'Conica', *Picea abies* 'Nidiformis', *Picea omorika*.

Abwehr: Einschätzung des Befalls durch Klopfprobe mit weißem Papier besonders ab Ende März, Nährstoffmangel der Bäume verhindern.

Schadbild der Fichtenröhrenlaus an Blaufichte im Sommer

Schadbild: Grüne, 20-füßige Afterraupe frisst Nadeln des Maitriebs bis auf die Stümpfe ab, Nadelreste werden rot und fallen im Herbst ab, Minderung des Zuwachses.

Schädling:
Kleine Fichtenblattwespe (*Pristiphora abietina*)

Verbreitung: Blattwespe legt Eier an Nadeln austreibender Maitriebe ab, Eientwicklung 2–5 Tage, die der Larven bis 27 Tage. Im Juni geht die Larve in den Boden zur Überwinterung.

Schadbild der Kleinen Fichtenblattgallwespe an *Picea pungens* 'Glauca' (Foto: K. Lange)

Schadbild: Knospen, vorwiegend bei *P. pungens*, treiben nicht aus, sind ungewöhnlich verdickt.

Schaderreger:
Knospensterben (*Gemmamyces piceae*)

Hinweis: Neben diesem pilzlichen Erreger werden auch noch andere Möglichkeiten, wie z. B. Spätfröste und Herbizide, als Ursache diskutiert.

Verbreitung: Hauptsächlich in *Picea pungens*.

Abwehr: Befallene Pflanzenteile entfernen, frostgefährdete Lagen meiden, zurückhaltender Umgang mit Herbiziden.

Schadbild des Knospensterbens an Seitentrieben der Blaufichte

Wachsausscheidungen am Austrieb einer Kiefer durch Befall mit der Kiefernwolllaus

3.6. *Pinus* – Kiefer

Schadbild: Im Sommer an den Maitrieben mit weißer Wachswolle bedeckte Läuse. Nadeln können infolge der Saugtätigkeit knicken und später abfallen (Spitzendürre).

Schädling:
Kiefernwolllaus (*Pineus pini*)

Verbreitung: Überwinterung auf der Rinde der jüngsten Kiefernzweige, die Ausbreitung erfolgt durch geflügelte Generationen.

Vorkommen: Auf *Pinus silvestris* und seltener auf *P. montana*, in Baumschulen durch starke Verseuchung oft erhebliche Verluste.

Abwehr: Auf günstige Standortverhältnisse achten.

Schadbild: Im Juli Nadeln angefressen, während des Winters Harzaustritt aus den Knospen, im Frühjahr kein Knospenaustrieb oder Triebverkümmerung („Posthorn"-Bildung), Knospen sind ausgefressen durch rotbraune Raupe, Trieb vertrocknet und stirbt ab.

Schädling:
Kieferntriebwickler, Kiefernknospentriebwickler (*Rhyacionia buoliana*)

Verbreitung: Im Juni/Juli legt der Falter Eier an Nadelscheiden von Terminalknospen, nach ca. drei Wochen fressen Larven im unteren Bereich der Nadeln, im Herbst bohren sich die Raupen nach Bildung von Gespinsten in die Quirlknospen ein, im darauffolgenden Frühjahr werden sämtliche Triebe der befallenen Knospe befressen, Verpuppung der Raupe in ausgehöhlter Knospe, Puppenruhe 2–3 Wochen.

Vorkommen: Gefürchteter Schädling an jüngeren Kiefernkulturen von *Pinus mugo*, *P. mugo mughus* und *P. silvestris*, hohe Wintersterblichkeit bei tiefen Temperaturen.

Schaden durch Kiefernknospentriebwickler am jungen Trieb von *Pinus*
(Foto: B. Schaefer)

Schadbild: An Triebspitzen werden Nadeln paarweise gelb, später braun und sind kürzer als normal. Das verfärbte Nadelpaar ist an der gemeinsamen Basis angeschwollen und miteinander verwachsen. In der knollenartigen Auftreibung findet man nach Öffnung eine ca. 3 mm große orangerote Larve. Im Winter fallen die Nadeln ab.

Schädling:
Kiefernnadelscheiden-Gallmücke
(Thecodiplosis brachytera)

Verbreitung: Anfang Mai legt die etwa 2,5 mm große Mücke ein oder mehrere Eier zwischen gerade austreibende Nadeln. Die geschlüpften Larven dringen in die Nadelscheide ein und verursachen dort gallenartige Verwachsungen, Überwinterung der Larve meist außerhalb der Galle.

Vorkommen: In Befallsjahren merklicher Nadelverlust an *Pinus silvestris, P. montana* und *P. nigra.*

Typische Verbräunung einzelner Nadelbüschel durch Befall mit der Kiefernnadelscheiden-Gallmücke (Foto: B. Schaefer)

Schadbild: An Zweigen oder Stamm, häufig in der Nähe von Astquirlen, treten im Frühjahr Anschwellungen (10–20 cm) auf, im Frühsommer brechen dort hellgelbe Blasen hervor, diese platzen auf und stäuben Sporenpulver aus. Rissige Rinde zeigt starken Harzfluss, oberhalb der Befallsstelle stirbt der Trieb schließlich ab. Vorgang kann sich über zehn Jahre hinziehen.

Schaderreger:
Weymouthkiefernblasenrost *(Cronartium ribicola)*

Verbreitung: Pilz ist wirtswechselnd zwischen *Pinus-* und *Ribes-*Arten, Infektion der Kiefer im Herbst über die Nadeln. Als Folge frühestens nach zwei Jahren Blasenbildung (Aecidienlager).

Vorkommen: An fünfnadeligen Kiefern, besonders anfällig: *P. strobus, P. lambertiana, P. monticola,* weniger anfällig: *P. cembra, P. peuce,* widerstandsfähig: *P. wallichiana.*

Abwehr: Erkrankte Bäume vernichten, Befallskontrolle bei Pflanzeneinkauf, kein Anbau in der Nähe von *Ribes,* ältere Kiefern sind widerstandsfähiger.

Deutlich sichtbare Sporenlager des Weymouthkiefernblasenrosts im Holz von *Pinus strobus* (Foto: B. Schaefer)

Nadelverbräunung durch einen Befall mit Kiefernschütte an *Pinus mugo* (Foto: B. Schaefer)

Hellbraune Sporenkissen auf einer Kiefernnadel (Foto: P. Heydeck)

Kiefernzweig mit Befall von Kiefernnadelrost. (Foto: P. Heydeck)

Schadbild: Nadeln junger Kiefern bekommen im Herbst/ Winter braune Flecken, Verstärkung dieser Erscheinung im Frühjahr mit Absterben der ganzen Nadeln. Ende April, besonders im Mai, werden abgestorbene Nadeln abgeworfen (Schütte), Neuaustrieb ist nicht geschädigt, durch Nadelverlust Zuwachseinbußen.

Schaderreger:

Kiefernschütte *(Lophodermium seditiosum)*

Verbreitung: Der Pilz produziert seine Verbreitungsorgane (Sporen) auf den abgestorbenen Nadeln. Im Lauf des Sommers führen die Sporen nach Verbreitung durch Wasserspritzer und Luftströmung zu Neuinfektionen an gesunden Nadeln.

Vorkommen: Günstige Infektionsbedingungen im August/ September bei feuchter Witterung; befallen werden: *Pinus silvestris, P. montana, P. nigra, P. cembra* und *P. banksiana.*

Abwehr: Gleichmäßige und ausreichende Wasserversorgung der Pflanzen im Spätsommer, Vermeidung enger Pflanzungen und Kontrolle des Gras- und Unkrautwuchses.

Schadbild: Auf den Nadeln des Vorjahres von 2-nadeligen Kiefern bilden sich im Frühjahr orangefarbene Sporenlager. Im November des Vorjahres sind bereits kleine dunkle Punkte zu sehen, die meist in kleinen Gruppen angeordnet sind.

Schaderreger:

Kiefernnadelrost *(Coleosporium tussilaginis* u.a. Arten)

Verbreitung: Der Erreger ist wirtswechselnd. Von der Kiefer wechselt er im Frühjahr zu verschiedenen Kreuzkrautarten und dem Huflattich. Im Spätsommer/Herbst erfolgt dann die Rückkehr zur Kiefer.

Vorkommen: Befallen werden i.d.R. 2-nadelige Kiefern, insbesondere *P. silvestris.* Im Wald ist der Erreger häufiger zu finden. An Baumschulkulturen wird seit einigen Jahren ein stärkeres Auftreten beobachtet.

Abwehr: Bei festgestellter Gefährdung sollte an Baumschulkulturen ab dem Spätsommer eine Behandlung mit systemischen Fungiziden gegen Rostpilze erfolgen. Vorrangig sollte aber die Ausschaltung des Zwischenwirtes im näheren Umkreis erfolgen.

3.7. *Pseudotsuga* – Douglasie

Schadbild: Nadeln zeigen im Sommer zunächst gelbliche Flecken, die sich später rötlich bis bräunlich verfärben. Nicht befallene Bereiche der Nadeln behalten die natürliche Farbe. Im zweiten Jahr der Infektion bilden sich die Fruchtkörper an den Nadeln, anschließend Nadelfall.

Schaderreger:
Rostige Douglasienschütte (*Rhabdocline pseudotsugae*)

Verbreitung: Sporenflug und Infektion der Nadeln erfolgt bereits von Mai bis Juni. Nasse und feuchte Witterung begünstigt die Entwicklung.

Vorkommen: Als anfällig gelten vor allem *P. menziesii var. glauca* und *caesia*, während die *Varietät viridis* weniger befallen wird.

Abwehr: Dichter Bestand und feuchte Standorte in der Produktion vermeiden.

Verfärbung der Nadeln durch Befall mit der Rostigen Douglasienschütte (Foto: O. Schröder)

3.8. *Taxus* – Eibe

Schadbild: Triebe und Nadeln sind verkümmert und verdreht, Knospen sind verdickt, treiben verspätet oder gar nicht aus und sterben teilweise ab. Das Erscheinungsbild ähnelt vom Schadbild her einem Schaden mit wuchsstoffhaltigen Herbiziden.

Schädling:
Knospengallmilbe (*Cecidophyopsis psilaspis*)

Verbreitung: Während der Vegetationsruhe befinden sich die Milben in den Knospengallen. Bei warmer Witterung nach Austrieb der Pflanzen verlassen sie diese und befallen neue Knospen. Eine sinnvolle Bekämpfung ist nur nach dem Verlassen der Gallen und vor der erneuten Gallenbildung möglich.

Abwehr: Verwendung gesunden Ausgangsmaterials, Rückschnitt befallener Pflanzenteile.

Verkrüppelungen des Austriebs an *Taxus* durch Befall mit der Knospengallmilbe

Braune Napfschildläuse an *Taxus*, kleine weiße Punkte sind die neue Generation (sogenannte Crawler) (Foto: B. Zielke)

Schadbild: Auf den Nadeln und jungen Trieben befinden sich die bräunlichen Schildläuse, die in Form, Farbe und Größe den Knospenschuppen der Pflanze ähneln. Bei stärkerem Befall bildet sich ein Belag mit schwarzen Rußtaupilzen auf den Nadeln.

Schaderreger:

Eibennapfschildlaus (*Eulecanium crudum*)

Verbreitung: Unter den Deckeln werden die Eier im Frühjahr abgelegt. Daraus entwickeln sich die beweglichen Stadien, die während der Sommermonate die frischen Triebe und Nadeln besiedeln. Die Larven sind bis zum Frühjahr des Folgejahrs beweglich.

Abwehr: Gute Bekämpfungsergebnisse werden nur gegen die beweglichen Stadien erzielt. Bewährt hat sich die Anwendung von Ölpräparaten in der zweiten Märzhälfte und die Anwendung von systemischen Insektiziden gegen saugende Insekten im Juni/Juli.

Deutlich sichtbare, weißliche Schmierläuse auf der Nadelunterseite (Foto: D. Bartels)

Schadbild: Unter den Nadeln befinden sich deutlich sichtbare weißliche Läuse mit starker Wachsausscheidung. Ein Befall zeigt sich i. d. R. zunächst im unteren Teil der Pflanze.

Schaderreger:

Schmierläuse (*Pseudococcus sp.* u. a.)

Verbreitung: In den vergangenen Jahren hat der Befall in Anzuchtbetrieben und Privatgärten sehr stark zugenommen.

Vorkommen: Besonders an *Taxus*-Arten, aber auch an großlaubigen *Ilex*-Arten stark zunehmend.

Abwehr: Verwendung von gesundem Ausgangsmaterial.

Schadbild: Ganze Pflanzen kümmern, Nadeln verfärben sich insgesamt braunrot.

Schadursache: Staunässe

Verbreitung: Die Gattung *Taxus* ist sehr anfällig gegenüber stauender Nässe. Für die Produktion sollten nur durchlässige oder gut drainierte Flächen verwendet werden.

Abwehr: Sorgfältige Auswahl von Produktionsflächen und Standorten.

Weitere häufig vorkommende **Schaderreger**, siehe Kapitel 2:
Dickmaulrüssler (*Otiorhynchus sulcatus* u.a.)

Braunrote Nadelverfärbung an Eiben durch Staunässe

3.9. *Thuja* – Lebensbaum

Schadbild: Im Frühjahr erst Blattschuppen, dann einjährige Triebe von der Spitze her gelb bis dunkelbraun, erkranktes Gewebe ist scharf abgegrenzt zum gesunden, auf abgestorbenen Partien schwarze Punkte.

Schaderreger:
Triebsterben (*Kabatina thujae*)

Verbreitung: Durch das Aufreißen der Epidermis werden Sporenlager (Acervuli) sichtbar.

Abwehr: Entfernen der Infektionsquellen, erkrankte Triebe bis ins gesunde Holz zurückschneiden.

Triebsterben an *Thuja plicata*

Absterben einzelner Blattschuppen durch Befall mit Nadelbräune an *Thuja*

Larve der *Thuja*-Miniermotte an Knospenschuppe (Foto: P. Mertens)

Schadbild nach Befall mit *Thuja*-Miniermotte

Schadbild: An unteren Astpartien verfärben sich die Blattschuppen erst gelb, dann braun, die erkrankte Zone ist zum gesunden Triebteil hin scharf abgegrenzt. Im Spätherbst fallen junge befallene Seitentriebe ab, dadurch Verkahlung der Langtriebe.

Schaderreger:
Nadelbräune (*Didymascella thujina*)

Verbreitung: Auf der Oberseite brauner Nadeln werden dunkelbraune oder schwarze Fruchtkörper (Apothecien) gebildet, im nächsten Frühjahr werden die Sporen (Ascosporen) ausgeschleudert, Sporentransport durch Wasserspritzer und Luftströmungen. Fruchtkörper fallen ab und hinterlassen Löcher.

Vorkommen: Besonders an Hecken von *Thuja occidentalis* und *T. plicata*.

Abwehr: Befallene Zweige abschneiden, Feuchtigkeit und schlecht belüfteter Stand begünstigen die Krankheit.

Schadbild: Zunächst einzelne Schuppen der Pflanze gelblich bis bräunlich verfärbt, innen bis ca. 5 cm lange, mit Kot gefüllte winzige Fraßgänge, dazwischen befinden sich 3–4 mm große Raupen.

Schädling:
Thuja-Miniermotte (*Argyresthia thuiella*)

Verbreitung: Der cremefarbene Falter beginnt im Juli/August eines Jahres mit der Eiablage an den Schuppen der Pflanze, worin die Larven später auch überwintern.

Vorkommen: An *Thuja*- und *Chamaecyparis*-Arten.

Schadbild: Bei befallenen Pflanzen verbräunen im Sommer zunächst einzelne Seitentriebe im oberen Bereich der Pflanze, die später abfallen. In und unterhalb der Rinde sind Bohrgänge und ca. 2–2,6 mm große Larven zu finden. Ein Befall wird häufig durch Austritt von Bohrmehl erkannt.

Schädling:

Thuja-Borkenkäfer (*Phloeosinus aubei*)

Verbreitung: Seit einigen Jahren verstärkte Ausbreitung in Ost- und Süddeutschland. Häufiger in öffentlichen Grünanlagen und auf Friedhöfen zu finden.

Vorkommen: An vielen *Chamaecyparis-*, *Juniperus-* und *Thuja*-Arten zu finden.

Abwehr: Befallen werden insbesondere Pflanzen auf trockenen Standorten, daher ist eine gute Wasserversorgung ratsam. Zur Absicherung des Befundes sollte eine Fachberatung eingeschaltet werden.

Verursachter Schaden durch den *Thuja*-Borkenkäfer (Foto: M. Lehmann)

Schadbild: Verschiedene Rüsselkäfer fressen im Spätsommer an einjährigen Zweigen, ca. 10–15 cm unterhalb der Spitze. Der Bereich oberhalb der Fraßstelle verbräunt und stirbt in der Regel später ab.

Schaderreger:

Rüsselkäfer (*Otiorhynchus* und andere Gattungen und Arten)

Verbreitung: Der Befall erfolgt ab Juli eines Jahres. Im Freiland ist das Schadbild häufiger zu finden als in Containerkulturen.

Vorkommen: Vorwiegend an *Thuja*-Arten, selten an *Chamaecyparis* zu sehen.

Abwehr: Rückschnitt bis ins gesunde Holz, bei Bedarf Verwendung von Präparaten gegen beißende Insekten.

Deutlich sichtbarer Rindenfraß führt zum Absterben der darüber befindlichen Pflanzenteile

Gräuliche Verfärbungen an *Thuja* nach Befall von Nadelholzspinnmilben (Foto: R. Zühlke)

Verbräunungen im unteren Teil der Pflanze durch Befall mit der Zypressenlaus (Foto: K. Schrameyer)

Zypressenrindenlaus an *Thuja* (Foto: K. Schrameyer)

Schadbild: In den unteren Bereichen der Pflanze wird diese in der Farbe blass und gräulich. Bei genauer Betrachtung (Lupe) sind Spinnmilben zu erkennen.

Schaderreger:

Nadelholzspinnmilbe (*Oligonychus ununguis*)

Verbreitung: Während der Sommermonate breiten sich die Spinnmilben bei warmer und trockener Witterung im Bestand schnell aus. Es werden 4–8 Generationen pro Jahr gebildet.

Vorkommen: Seit einigen Jahren ist ein verstärktes Auftreten in Baumschulen zu beobachten. Das gilt auch für Freilandkulturen.

Abwehr: Mehrfache durchdringende Anwendung von Präparaten gegen Spinnmilben (siehe Anhang).

Schadbild: Im unteren Bereich der Pflanzen zeigen sich Verbräunungen. Oft tritt das Schadbild an Hecken nur nesterweise auf.

Schaderreger:

Zypressenrindenlaus (*Cinara cupressi*)

Verbreitung: Die Überwinterung erfolgt als Ei an befallenen Pflanzen. Mit einer Größe von ca. 4 mm ist die Laus eigentlich leicht zu sehen. Sie wechselt aber häufiger den Standort.

Standort: Als sicheres Indiz für einen Befall ist die schwarze Verfärbung von Zweigen im inneren Teil der Pflanze, da die Läuse Honigtau absondern, auf denen sich schwarze Rußtaupilze ansiedeln.

Vorkommen: Besonders betroffen scheint die Sorte *Thuja* 'Smaragd'. An anderen Arten und Sorten verursacht diese Rindenlaus selten Schaden.

Abwehr: Da keine speziellen Abwehrmaßnahmen bekannt sind, sollte die Anwendung von Präparaten gegen Läuse erfolgen.

4. Schadbilder an Laubgehölzen

4.1. *Acer* – Ahorn

Schadbild: Auf Blattoberseite erst grüne, später rot gefärbte zipfelartige Beutelgallen (3–4 mm lang), meist in großer Anzahl.

Schädling:
Gallmilben (*Eriophyes* spp.)

Verbreitung: Gallen entstehen durch das Saugen der Milben blattunterseits. Milben verlassen im Frühsommer die Gallen, weitere Verbreitung durch Wind, Spritzwasser, arbeitende Personen, durch den Pflanzenversand. Überträger von Viruskrankheiten.

Vorkommen: An *Acer*. Andere Gallmilben verursachen Blattgallen an: *Alnus, Amelanchier, Cotoneaster, Crataegus, Cydonia, Fagus, Juglans, Malus, Pyrus, Sorbus, Tilia* und *Viburnum*.

Abwehr: Selten erforderlich.

Gelbliche bis rötliche Ausstülpungen auf Blättern von *Acer* durch Gallmilben

Laubholzbockkäfer, ohne weiße Zeichnungen am Hals und mit glatter Flügeldecke (Foto: Stadtgärtnerei Winterthur)

Schadbild: Etwa 1 cm große Bohrlöcher mit Bohrspänen an Gehölzen. Darin befinden sich bis zu 6 cm lange weißliche Larven.

Schaderreger:
Laubholzbockkäfer (*Anoplophora glabripennis*)
Bohrlöcher befinden sich eher im oberen Teil des Stammes, in Astgabeln und dickeren Ästen. Käfer haben keine Flecken am Halsschild und glatte Flügeldecken.

Bohrloch vom Laubholzbockkäfer am Stamm mit einem Durchmesser von ca. 1 cm (Foto: Stadtgärtnerei Winterthur)

Larve des Laubholzbockkäfers
(Foto: Stadtgärtnerei Winterthur)

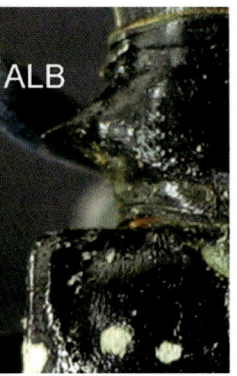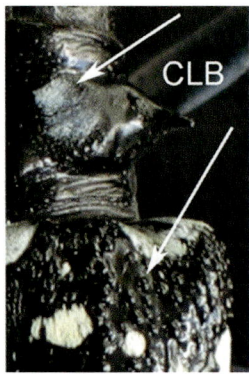

Unterscheidungsmerkmale Laubholzbockkäfer (ALB) und Citrusbockkäfer (CLB)
(Foto: Th. Schröder, JKI)

Citrusbockkäfer (*Anoplophora chinensis*)
Bohrlöcher befinden sich eher im unteren Teil des Baumes, im Stammfuß und in dickeren aufliegenden Wurzeln. Käfer haben zwei helle Flecken am Halsschild und gekörnte Flügeldecken, siehe auch Bild Mitte.

Verbreitung: Mit Pflanzen (Citrusbockkäfer) und Verpackungsmaterial (Laubholzbockkäfer) wurden die beiden Arten aus China seit Anfang der 1990er-Jahre nach Europa eingeschleppt. Einzelne Funde konnten rechtzeitig entdeckt und beseitigt werden. Eine Verwechslung mit heimischen Arten wie z. B. den Larven vom Blausieb, Moschusbock und Pappelbock ist leicht möglich.

Vorkommen: Befallen werden alle Laubholzbaum-Arten, insbesondere Ahorn, Pappel, Weide und Ulme.

Abwehr: Zur Verhinderung der weiteren Ausbreitung wurden die Käfer als Quarantäneschaderreger mit Meldepflicht eingestuft mit sehr weitreichenden Konsequenzen (Baumfällungen, regelmäßige Kontrollen usw.) an den Befallsorten. Weitere Informationen sind unter www.jki.bund.de oder beim Pflanzenschutzdienst der Länder erhältlich.

Dunkle Flecken auf *Acer* durch Befall mit
Teerfleckenkrankheit

Schadbild: Ab Juni auf Blattoberseite etwa 1 cm große, zunächst gelbliche, zum Herbst hin schwarz werdende Flecken; bei starkem Befall nach Vergilben der Blätter erfolgt Blattabwurf.

Schaderreger:
Teerfleckenkrankheit (*Rhytisma acerinum*)

Verbreitung: Infektion im Frühjahr ausgehend vom abgefallenen Laub.

Abwehr: Beseitigung des Herbstlaubes.

Schadbild: Auf den Blattoberseiten bilden sich im Sommer mehlige Beläge, teilweise sind auch die Blattunterseiten betroffen. Im Frühjahr sind die Befallsstellen zunächst entlang der Blattadern zu finden.

Schaderreger:

Echter Mehltau *(Uncinula tulasnei, U. bicornis, syn. Sawadaea tulasnei)*

Verbreitung: Ein Befall ist in erster Linie am Spitzahorn *(Acer platanoides)* und dessen Sorten zu finden. Die Anfälligkeit der Sorten ist sehr unterschiedlich. Als weniger anfällig gilt z. B. die Sorte 'Cleveland'. In den vergangenen Jahren hat der Erreger zunehmend an Bedeutung gewonnen und ist derzeit an vielen Ahornarten zu finden.

Abwehr: Der Echte Mehltau ist vorwiegend in jungen und stark wachsenden Beständen zu finden. Am Endstandort ist die Bedeutung wesentlich geringer.

Weißlicher Belag durch Befall mit Echtem Mehltau (Foto: D. Bartels)

Schadbild: Plötzliches Welken einzelner Baum- bzw. Astpartien während der Vegetationsperiode. Beim Durchschneiden des Holzkörpers zeigt sich ein graubrauner bis bläulicher Ring im Gewebe. Der Befall bei Jungbäumen tritt meist erst im zweiten Jahr nach der Pflanzung auf.

Schaderreger:

Verticillium-Welke *(Verticillium alboatrum, V. dahliae)*

Verbreitung: Der Welkeerreger dringt über die Wurzel in die Leitbündelsysteme der Pflanze ein. Befallene Flächen sollten nachfolgend nicht mit anfälligen Kulturen bepflanzt werden. Das gilt auch für den Anbau von Kartoffeln, die auch als Vorkultur ungeeignet sind.

Vorkommen: Hochgradig anfällig sind u. a. *Acer, Catalpa, Cotinus, Tilia.*

Nicht befallen werden u. a. alle Nadelgehölze und Gehölze aus der Familie der *Rosaceae (Amelanchier, Crataegus, Malus, Pyrus, Sorbus* usw.) sowie die Laubholzgattungen *Betula, Buxus, Celtis, Cercidiphyllum, Cornus, Fagus, Gleditsia, Ginkgo, Ilex, Liquidambar, Morus, Platanus, Quercus, Salix, Zelkova* u. a.

Abwehr: Verwendung gesunder Jungware, Meidung verseuchter Flächen.

Deutlich sichtbare Verfärbung im Holzquerschnitt von *Acer* durch *Verticillium*

Dunkle Verfärbung im Übergangsbereich zwischen Rinde und Holz durch Befall mit *Verticillium*

Weitere häufig vorkommende **Schaderreger:** siehe Kapitel 2.:

Rotpustel *(Nectria cinnabarina)*

Schaden an *Aesculus* durch Befall mit der Kastanienminiermotte

Verbräunungen des Blattes von *Aesculus* durch Befall mit der Blattfleckenkrankheit

4.2. *Aesculus* – Kastanie

Schadbild: Auf den Blättern befinden sich graugrüne bis ockerfarbene Flecken. Bei Betrachtung gegen das Licht transparente Flecken. Auch Larven und Kotkrümel dann sichtbar. Flecken durch Blattadern begrenzt. Verbräunung des ganzen Blattes bei starkem Befall.

Schaderreger:

Kastanienminiermotte (*Cameraria ohridella*)
Bis 4 mm lange Larven, die in den Blättern minieren, wobei die Epidermis des Blattes selten zerstört wird. Die Verpuppung findet im Blatt statt.

Vorkommen: Erste stärkere Befallsherde in Süddeutschland seit 1993, stärkere Verbreitung in Mittel- und Südeuropa. Überwiegend an *Aesculus hippocastanum*.

Abwehr: Entfernen des Herbstlaubes. *A. carnea* (CK) und Sorten werden weniger befallen.
Positive Ergebnisse konnten auch mit Pheromonfallen gewonnen werden. Dabei werden die Männchen mit Sexualduftstoffen gelockt und abgefangen.

Schadbild: Ab Frühsommer Bildung braungelber Flecken auf den Blättern, die sich bei starkem Befall einrollen können.

Schaderreger:

Blattfleckenkrankheit (*Guignardia aesculi*)

Hinweis: Verwechslung mit dem Schadbild der Kastanienminiermotte ist möglich.

Verbreitung: Der Pilz überdauert im Winterlaub und infiziert so die Pflanzen im Folgejahr.

Vorkommen: Vorwiegend auf *Aesculus hippocastanum*, weniger auf *A. parviflora*.

Abwehr: Entfernen des Herbstlaubes.

Schadbild: Auf den Stämmen zeigen sich dunkelbraune bis schwarz verfärbte Rindenzonen, aus denen häufig eine dunkle Flüssigkeit austritt.

Schaderreger:

Stammfäule (*Phytophthora*-Arten, *Pseudomonas syringae pv. aesculi*)

Verbreitung: Bisher liegen noch keine eindeutigen Erkenntnisse vor. Vorrangig wird derzeit ein Befall mit dem *Phytophthora*-Pilz als Ursache diskutiert.

Vorkommen: Hauptsächlich an den veredelten Sorten von *Aesculus carnea* und *A. hippocastanum* zu finden, weniger an Sämlingspflanzen und anderen Arten. Meldungen über das Auftreten der Krankheit kommen vorwiegend aus dem küstennahen Bereich von Dänemark bis Frankreich. Im kontinentalen Klimabereich scheint die Krankheit nicht so häufig.

Abwehr: Sofortige Vernichtung befallener Pflanzen und sorgfältige Prüfung der zugekauften Aufschulware. Während der Schnitt- und anderen Pflegearbeiten sollte eine regelmäßige Desinfektion der Schnittgeräte erfolgen.

Austreten dunkler Flüssigkeit nach Befall

Schadbild: Einseitige vorzeitige Borkenbildung und ein Ablösen der Rinde in den Bereichen, die am späten Nachmittag mit Sonne beschienen sind.

Schadursache: Sonnenbrand, Sonnenbrandnekrosen
In Phasen mit schlechter Wasserversorgung der Pflanze aufgrund von Trockenheit bzw. mangelnder Etablierung am Standort, kann die Pflanze nicht ausreichend Wasser zur Kühlung bereitstellen.

Verbreitung: Häufig an frisch gepflanzten Alleebäumen im städtischen Bereich.

Vorkommen: Eine Verwechslung mit *Verticillium*-Befall oder Frosteinwirkung ist möglich. In der Baumschule auch in Frühjahrsverschulungen von *Alnus* und *Carpinus* häufiger zu finden.

Abwehr: Verwendung von Matten aus Schilfrohr und hellen Schutzanstrichen im städtischen Bereich. Ausreichende und frühzeitige Bewässerung in der Baumschule. Bei extremer Hitze mit Temperaturen über 30 °C kann auch eine kühlende Bewässerung sinnvoll sein, wie sie seit einigen Jahren im Obstbau bei empfindlichen Apfelsorten wie z. B. Cox Orange praktiziert wird.

Typische Borkenbildung am Stamm von *A. carnea*

Schadbild auf Saatbeet von *A. glutinosa*

4.3. *Alnus* – Erle

Schadbild: An größeren Bäumen treten im unteren Bereich der Stämme zunächst dunkle Verfärbungen auf, aus denen später auch Flüssigkeit austritt. In Baumschulen zeigen befallene Pflanzen eine bräunliche Verfärbung der Rinde und ein Absterben der Wurzeln.

Schaderreger:
Erlen-Phytophthora (*Phytophthora alni*)

Verbreitung: In den vergangenen Jahren hat der Befall in der freien Landschaft in ganz Europa stark zugenommen.

Vorkommen: Vor allem entlang von Flüssen und Bachläufen sind befallene Bäume zu finden, da die Sporen des Erregers mit dem Wasser verbreitet werden.

Abwehr: Verwendung von gesundem Ausgangsmaterial. Keine Nutzung von Wasser aus Bächen und Flüssen zur Bewässerung in Baumschulen.

Schadbild: Bläulich bis grünlich metallisch glänzende Käfer fressen an den Blättern.

Schädling:
Erlenblattglanzkäfer (*Agelastica alni, Melasoma aenea*)

Verbreitung: Die Überwinterung erfolgt als Käfer, es werden in der Regel zwei Generationen pro Jahr gebildet.

Abwehr: Nur bei starkem Auftreten in der Baumschule erforderlich.

Typischer Lochfraß durch Erlenblattglanz-käfer

Schadbild: Die Blätter zeigen beim Austrieb blasige Verkrümmungen mit gelbroter Verfärbung, anschließend werden die Blätter braun und fallen ab.

Schaderreger:
Kräuselkrankheit (*Taphrina tosquinetti*)

Verbreitung: Der Erreger überwintert in den Knospenschuppen und infiziert die Pflanzen beim Austrieb.

Vorkommen: Unterschiedliche Anfälligkeit einzelner *Alnus*-Arten ist nicht bekannt.

Abwehr: Behandlung in der Baumschule ist in der Regel nicht erforderlich.

Blattdeformationen durch Befall mit der Kräuselkrankheit an *Alnus*

Schadbild: Auf den Blattunterseiten bilden sich im Sommer deutlich sichtbare gelblich orange Pusteln.

Schaderreger:
Erlen-Rost (*Melampsoridium alni, M. hiratsukanum*)

Vorkommen: Seit einigen Jahren ist ein verstärktes Auftreten an *Alnus glutinosa* und *A. incana* in Baumschulen zu beobachten.

Abwehr: Am Endstandort kein wirkliches Problem, in der Baumschule sollten Präparate gegen Rostpilze eingesetzt werden.

Deutlich sichtbare Sporenlager auf Blattunterseiten von *A. incana*

Schadbild: Auf der Rinde befinden sich größere, rötlich verfärbte Partien, die teilweise blasig aufgewölbt sind.

Schaderreger:
Krötenhaut (*Tubercularia vulgaris*), Nebenfruchtform von
Rotpustel (*Nectria cinnabarina*)

Verbreitung: Schwächeparasit, der offene Wunden (Hagelschäden, Frostrisse, Schnittstellen) als Eintrittspforte benötigt.

Vorkommen: Vorwiegend an *Alnus*- und *Tilia*-Arten.

Abwehr: Wundverschluss, ausgewogene Düngung und schonende Behandlung der Bäume.

Blasige Aufwölbungen am Holz von *A. glutinosa* nach Befall mit der Krötenhautkrankheit

Rostpusteln auf den Blättern von *Betula*

Klebrige Tropfen am Stängel und an den Blattunterseiten durch den Befall mit *Pseudomonas*

Klebrige Tropfen auf Blattunterseite durch Befall mit *Pseudomonas*

4.4. *Betula* – Birke

Schadbild: Blätter oberseits gelblich gesprenkelt, auf den Unterseiten befinden sich bräunliche Pusteln.

Schaderreger:
Birkenrost (*Melampsoridium betulinum*)

Verbreitung: Als wirtswechselnder Rostpilz beginnt der Entwicklungskreislauf zunächst im Frühjahr auf *Larix*, bevor der Wechsel zu *Betula* erfolgt.

Vorkommen: Besonders an *Betula pendula* und *Betula nana*.

Abwehr: Möglichst räumliche Trennung der Wirtspflanzen.

Weitere häufig vorkommende **Schaderreger** an *Betula*:
Hornissen (*Vespa crabro*), siehe unter *Fraxinus*.

4.5. *Buddleja* – Sommerflieder

Schadbild: Auf den Blättern und Trieben bilden sich dunkle, klebrige Tropfen.

Schaderreger:
Bakterienkrankheit (*Pseudomonas syringae, P. viridiflava*)

Verbreitung: Das Schadbild ist häufig bei angetriebenen Mutterpflanzen im Gewächs- und Folienhaus für die Stecklingsvermehrung zu finden. Dichte Pflanzenbestände und die feuchtwarmen Kulturbedingungen fördern die Ausbreitung des Erregers.

Vorkommen: Bisher wurde das Schadbild nur an Sorten von *Buddleja davidii* beobachtet. Über die Anfälligkeit der einzelnen Sorten liegen keine Erkenntnisse vor. Das Schadbild und die Erreger wurden in Deutschland an *Buddleja* bisher nicht beschrieben. In der Literatur sind diesbezüglich keine Informationen verfügbar.

Abwehr: Sorgfältige Betriebshygiene, bei festgestellter Gefährdung der Kulturen können Behandlungen mit Kupferpräparaten ausgeführt werden.

Schadbild: Auf den Blättern befinden sich zunächst gelbgrüne, später dunkle Flecken, die von den Blattadern begrenzt sind.

Schädling:
Blattälchen (*Aphelenchoides ritzemabosi*)

Hinweis: Schadbild kann mit einem Befall mit Falschem Mehltau verwechselt werden.

Vorkommen: Nach Aussage von Praktikern wird die Sorte 'Pink Delight' als besonders anfällig betrachtet.

Abwehr: Verwendung von gesundem Vermehrungsmaterial.

Blattflecken an *Buddleja* durch Befall mit Blattälchen

Schadbild: Auf den Blättern befinden sich unregelmäßig geformte Flecken, die bräunlich gefärbt sind. Auf der Unterseite sind nur manchmal Sporenträger sichtbar.

Schaderreger:
Falscher Mehltau (*Peronospora harioti*)

Hinweis: Schadbild kann mit einem Befall durch Blattälchen verwechselt werden.

Verbreitung: Erreger ist wirtsspezifisch, Übertragung auf andere Wirtspflanzen ist in der Regel nicht möglich.

Vorkommen: Besonders in Vermehrungs- und Containerbetrieben.

Abwehr: Trockene Kulturführung.

Weitere häufig vorkommende **Schaderreger**: siehe Kapitel 2.
Spinnmilben (*Tetranychus urticae*)

Verbräunung am Blatt von *Buddleja* durch Befall mit Falschem Mehltau

Deutlich sichtbare Sprenkelung auf der Blattoberseite durch starken Befall mit Spinnmilben

Typische Bildung dunkler Flecken im Frühstadium der Infektion

Starker Blattfall an *Buxus* nach Befall mit Triebsterben

Schadbild: Blätter zeigen zunächst entlang der Blattadern eine feine Sprenkelung.

Schaderreger:
Spinnmilben (*Tetranychus urticae* u.a.)

Vorkommen: Insbesondere im geschützten Anbau unter Glas und Folientunnel kommt es zu rasanter Vermehrung.

Abwehr: Die Verwendung von Raubmilben hat unter Glas und in Folienhäusern größere Bedeutung erlangt. Beim Einsatz von Präparaten gegen Spinnmilben ist nicht nur der Wechsel der Wirkstoffe, sondern auch der Wechsel der Resistenzgruppen (siehe Anhang: Behandlung von Schaderregern) zu beachten.

4.6. *Buxus* – Buchsbaum

Schadbild: Zunächst bilden sich dunkle Flecken auf den Blättern der jungen Triebe, anschließend setzt Blattfall ein. Unter den Blättern sind weißliche Sporenlager zu finden. Der Befall breitet sich mit rasanter Geschwindigkeit aus.

Schaderreger:
Triebsterben (*Cylindrocladium buxifolia*)

Hinweis: Eine Verwechslung mit dem Buchsbaum-Krebs (*Volutella buxi*) ist möglich. Dieser bildet im Gegensatz zum Triebsterben aber rosa gefärbte Sporenlager aus.

Verbreitung: Insbesondere auf Friedhöfen seit einigen Jahren verstärkt anzutreffen.

Vorkommen: Die Anfälligkeit der Arten und Sorten wird derzeitig intensiv geprüft. Als besonders anfällig hierfür gilt der Einfassungs-Buchsbaum (*B. sempervirens* 'Suffruticosa'). Grundsätzlich können aber alle Arten und Sorten befallen werden.

Abwehr: Verwendung von gesundem Ausgangsmaterial. Umfangreiche Untersuchungen zur Anfälligkeit von Arten und Sorten wurden in den vergangenen Jahren von H. Beltz an der Lehr- und Versuchsanstalt in Rostrup ausgeführt. Dabei zeigte sich eine höhere Anfälligkeit der kleinwüchsigen Arten und Sorten.
Als generelle Alternativen zu *Buxus* werden derzeit eine

Reihe von Sorten der Gattungen *Euonymus, Ilex, Lonicera* und *Taxus* angeboten. Allerdings ist hierbei eine vergleichbare Winterhärte und Schnittverträglichkeit nicht immer gegeben.

Schadbild: Blätter an den Triebspitzen gekräuselt, verkrüppelt und z. T. abgestorben. Die gesamte Pflanze zeigt Wuchsdepressionen.

Schädling:

Triebspitzengallmilbe (*Eriophyes unguiculatus*)

Verbreitung: Die Milben verlassen im Frühjahr bei warmer Witterung ihre Winterplätze zur Besiedlung neuer Triebe und Pflanzen. Bekämpfungsmaßnahmen sind besonders in dieser Zeit erfolgreich. Freilebende Gallmilben sind aufgrund ihrer geringen Größe nur mit stärkeren Vergrößerungsgläsern sichtbar.

Abwehr: Verwendung gesunder Jungpflanzen bzw. gesunden Vermehrungsmaterials.

Verkrüppelungen der Triebspitzen von *Buxus* durch Befall mit der Triebspitzengallmilbe

Sogenannte „Löffelblättrigkeit" an *Buxus* durch Befall mit dem Buchsbaumblattfloh

Schadbild: Blätter wölben sich an den Triebspitzen löffelartig nach innen, darauf befinden sich mit weißer Wachswolle bedeckte Larven und ca. 4 mm große Blattflöhe.

Schädling:

Buchsbaumblattfloh (*Psylla buxi*)

Verbreitung: Ab Mitte Mai befällt der Buchsbaumblattfloh die Pflanzen und verursacht die typisch löffelartig nach innen gebogenen Blätter. Es treten 1–3 Generationen pro Jahr auf.

Wachsabscheidung durch Buchsbaumblattfloh

Larve des Buchsbaumzünslers
(Foto: K. Schrameyer)

Deutlich sichtbare feine Sprenkelung auf
den Blättern durch Befall mit der Buchs-
baumspinnmilbe

Sprenkelung und beginnende Braunfärbung der Blätter durch Befall mit Buchs-
baumspinnmilbe

Schadbild: An Blättern und jungen Trieben fressen gelb-
grün gestreifte und mit schwarzen Punkten versehene Raupen, vereinzelt sind Gespinste mit Kotkrümeln zu finden.

Schaderreger:
Buchsbaumzünsler (*Cydalima perspectalis*)

Verbreitung: Die Überwinterung erfolgt als Raupe im Gespinst an den Blättern. Je nach Witterung sind 2–3 Generationen pro Jahr zu erwarten. Ein Befall kann zum Kahlfraß
ganzer Bestände führen.

Vorkommen: Der Zünsler wurde erstmalig 2007 in Süddeutschland nachgewiesen. Zwischenzeitlich ist die Ausbreitung über ganz Deutschland erfolgt. Befallen wird *Buxus
microphylla* und *B. sempervirens*.

Abwehr: Sorgfältige Kontrolle der Bestände, da die Raupen
aufgrund der geringen Größe von 2–15 mm oft übersehen
werden. Ein starker Rückschnitt in den Wintermonaten führt
zur Befallsreduzierung. Ansonsten können Präparate gegen
beißende Insekten eingesetzt werden.

Schadbild: Auf den Blättern wird eine feine helle Sprenkelung sichtbar. Das ist besonders im inneren Teil der Pflanze
zu sehen. Damit verbunden ist oft auch eine Braunfärbung
der Blätter, die bei *Buxus* allerdings auch vielfach ein Zeichen
von Nährstoffmangel ist.

Schaderreger:
Buchsbaumspinnmilbe (*Eurytetranychus buxi*)

Verbreitung: Die Überwinterung erfolgt im Eistadium.
Ab April/Mai erfolgt der Schlupf aus den Eiern. Es werden
mehrere Generationen pro Jahr gebildet. Meistens sind die
Milben nur auf der Blattunterseite zu finden. Gespinste
werden kaum gebildet. Aufgrund der geringen Größe der
Milben (ca. 0,4 bis 0,5 mm) werden sie leicht übersehen. Die
adulten Stadien sind im Vergleich zu anderen Spinnmilben
sehr mobil.

Vorkommen: *Buxus sempervirens* wird wesentlich stärker
und häufiger befallen als Sorten von *B. microphylla*.

Abwehr: Eine Behandlung gegen die Eistadien ist mit Ölpräparaten vor Austrieb gut möglich. Anschließend können
Präparate gegen Spinnmilben verwendet werden.

Schadbild: Im Spätsommer werden gelbliche Flecken auf den Blättern sichtbar, diese sind dann blattunterseits blasig gewölbt.

Schaderreger:

Buchsbaumgallmücke (*Monarthropalpus buxi*)

Verbreitung: Die Eiablage erfolgt im Mai/Juni auf den diesjährigen Blättern. Die Mücken sind dann oft in ganzen Schwärmen an Buxus zu finden. Sie haben nur eine geringe Lebensdauer. Etwa drei Wochen nach der Eiablage schlüpfen die Larven und beginnen ihren Fraß im Inneren des Blattes. Sie werden ca. 3 mm groß. In einem Blatt können sich mehrere Larven befinden. Die Verpuppung der Larven erfolgt in den Wintermonaten. Es wird nur eine Generation pro Jahr gebildet.

Abwehr: Bei geringem Befall im Privatgarten ist das Absammeln der Blätter sinnvoll. Die Anwendung von Insektiziden sollte möglichst frühzeitig nach einem Befall erfolgen.

Gelbliche orange Larven und Puppen im aufgeschnittenen Blatt von *Buxus*

Schadbild: An Trieben und teilweise auch an älteren Blättern befinden sich leicht kommaartig gebogene Schildläuse. Die Schilde haben eine Länge von etwa 2–3 mm.

Schaderreger:

Kommaschildlaus (*Lepidosaphes ulmi*)

Verbreitung: Die Überwinterung der Laus erfolgt als Ei unter den Deckeln der gestorbenen weiblichen Tiere. Daraus entwickeln sich im Frühjahr die beweglichen Stadien, die neue Pflanzenteile besiedeln.

Vorkommen: Überwiegend in älteren Beständen zu finden, seltener in jungen Baumschulbeständen.

Abwehr: Der Rückschnitt befallener Pflanzenteile zeigt gute Wirkung. Gegen die jungen Larven hat sich eine Behandlung im Frühjahr mit Ölpräparaten und Insektiziden bewährt. Weniger wirksam ist die Anwendung während der Wintermonate, da die Eier unter den weiblichen Schilden geschützt sind.

Weibliche Buchsbaumgallmücke an *Buxus* (Foto: K. Schrameyer)

Starker Befall mit Kommaschildlaus

Rosa Sporenlager durch Befall mit
Volutella an *Buxus*

Schadbild: Blätter und junge Triebe zeigen Welkeerscheinungen und fallen ab. Im Inneren der Pflanze sind auf Blattunterseiten vereinzelt rosa gefärbte Sporenlager zu finden.

Schaderreger:

Buchsbaumkrebs (*Volutella buxi*)

Verbreitung: Der Erreger ist seit vielen Jahren in Europa an *Buxus* bekannt und häufig auch gleichzeitig an Pflanzen mit einem Befall vom *Cylindrocladium*-Triebsterben zu finden. Als wesentliches Unterscheidungsmerkmal gilt die Farbe der Sporenlager, die bei *Cylindrocladium buxifolia* weißlich gefärbt sind.

Vorkommen: Konkrete Versuchsergebnisse zur Anfälligkeit von Arten und Sorten liegen bei diesem Erreger nicht vor.

Abwehr: Im Privatgartenbereich ist die Entfernung der abgefallenen Blätter sicherlich hilfreich.

Sporenlager des Rostpilzes an *Buxus*

Schadbild: Auf den Blattunterseiten befinden sich ca. 1–2 mm große dunkelbraune Pusteln in ungleichmäßiger Verteilung.

Schaderreger:

Buchsbaumrost (*Puccinia buxi*)

Verbreitung: Der Erreger ist in der baumschulischen Produktion seltener zu finden, sondern eher an größeren Pflanzen im öffentlichen Grün und auf Friedhöfen. Der Erreger gehört in die Gruppe der nicht wirtswechselnden Rostpilze.

Vorkommen: Befallen wird vorwiegend die Art *Buxus sempervirens* und deren Sorten.

Abwehr: Spezielle Abwehrmaßnahmen sind nicht bekannt. Daher bleibt nur der Einsatz von Präparaten gegen Rostpilze.

Schadbild: Blätter sind insbesondere im Frühjahr oder im Spätsommer bräunlich gefärbt.

Schadursache: Nährstoffmangel

Verbreitung: Die Gattung *Buxus* hat einen hohen Nährstoffbedarf, der in der gärtnerischen Praxis und im Privatgartenbereich vielfach unterschätzt wird.

Vorkommen: Betroffen sind *Buxus* häufig in der Produktion und in der Anwachsphase, wenn das Wurzelwerk noch nicht so ausgebreitet ist. Eine Ausnahme ist die Sorte *B. microphylla* 'Faulkner', die im Frühjahr sehr stark zu einer sortentypischen Braunfärbung neigt.

Abwehr: Regelmäßige Kontrolle der Nährstoffversorgung und bei Bedarf entsprechende Düngung der Kulturen.

Typische Braunfärbung an *Buxus* im Frühjahr aufgrund von Nährstoffmangel (Foto: H. Beltz)

4.7. *Calluna* – Besenheide

Schadbild: An den Triebspitzen zeigen sich dunkelbraune bis rotbraune Verfärbungen, hakenförmige Verkrüppelung und Absterben der Triebspitzen.

Schaderreger:
Triebspitzensterben (*Glomerella cingulata*)

Hinweis: Eine Verwechslung des Schadbildes mit einem Triebsterben, durch *Phytophthora citricola* oder *Botrytis cinerea* verursacht, ist möglich. Unter Umständen ist eine Laboruntersuchung zweckmäßig.

Verbreitung: Besonders unter feuchtwarmen Witterungsbedingungen und nach Rückschnitt der Pflanzen kann eine Infektion erfolgen.

Abwehr: Verwendung von gesundem Ausgangsmaterial und sofortiges Entfernen befallener Pflanzen aus dem Bestand. Eine unterschiedliche Anfälligkeit einzelner Sorten konnte bislang nicht beobachtet werden.

Welkeerscheinungen an *Calluna* durch Befall mit dem Triebspitzensterben (Foto: H. Beltz)

Verbräunung an Trieben und Pflanzen durch Befall mit der Stängelgrundfäule (Foto: R. Wilke)

Partielles Absterben von Blättern und Trieben durch Befall mit Clematiswelke (Foto: H. Nennmann)

Schadbild: Pflanzen zeigen zunächst fahle, stumpfe und später braune Belaubung. Bei Betrachtung (Anschnitt) zeigen sich bräunliche Verfärbungen der Rinde am Wurzelhals und an den Wurzeln.

Schaderreger:
Stängelgrundfäule (*Cylindrocladium scoparium*)
Wurzelfäule (*Phytophthora cinnamomi*)

Hinweis: Beide Erreger ähneln sich sehr im Schadbild. Für eine Behandlung ist aber eine genaue Diagnose des Erregers notwendig, daher sind Laboruntersuchungen in der Regel erforderlich. Der Erreger der Stängelgrundfäule überdauert selbst längere und starke Frostperioden schadlos, was beim Erreger der Wurzelfäule nicht der Fall ist.

Abwehr: Verwendung von gesundem Vermehrungsmaterial, sofortiges Entfernen befallener Pflanzen aus dem Bestand und ausreichende Betriebshygiene.

4.8. *Clematis* – Waldrebe

Schadbild: Ganze Pflanzen bzw. Pflanzenteile welken plötzlich, obwohl Boden oder Substrat ausreichend Feuchtigkeit enthalten.

Schaderreger:
Clematiswelke (verschiedene pilzliche Erreger als sekundärer Befall)

Verbreitung: Die Erscheinung tritt in Baumschulen häufig beim Ausräumen der Pflanzen aus dem Gewächs- bzw. Folienhaus auf. Veredelte Pflanzen gelten in der Praxis als weniger anfällig.

Vorkommen: Besonders bei Hybriden aus der *Jackmannii*-Gruppe, Wildarten werden seltener befallen.

Abwehr: Stressfaktoren für die Pflanzen minimieren.

Weitere häufig vorkommende **Schaderreger**:
Echter Mehltau, insbesondere an Sorten aus der Texensis-Gruppe.

4.9. *Cornus* – Hartriegel

Schadbild: Auf den Blättern bilden sich im Verlauf der Vegetationsperiode bräunliche bis schwärzliche Flecken, die meist rundlich geformt sind.

Schaderreger:
Blattfleckenkrankheit (*Septoria*- und *Ascochyta*-Arten)

Verbreitung: Die Erreger überwintern vorwiegend auf abgefallenen Blättern.

Vorkommen: Besonders an *C. stolonifera* 'Kelsey', aber auch an anderen Arten häufiger.

Abwehr: Trockene Kulturführung, anfällige Sorten meiden. Herbstlaub entfernen.

Schadbild: Während der Wintermonate kommt es zum Absterben ganzer Zweige. Auf den abgestorbenen Zweigen sind 2–4 mm große Knubbel zu finden, bei feuchter Witterung auch ein grauer Pilzrasen.

Schaderreger:
Sclerotinia (*Sclerotinia sclerotiorum, S. minor*)

Verbreitung: Der Erreger befällt Pflanzen besonders bei Überwinterung in feuchter Umgebung. Die gut sichtbaren großen Fruchtkörper des Pilzes haben der Krankheit in der niederländischen Sprache den treffenden Namen „Rattenkeutelziekte", wörtlich übersetzt mit Rattenkotkrankheit gegeben. Im Frühjahr bildet sich auf den befallenen Trieben ein mausgrauer Belag. Daher wird der Erreger oft mit *Botrytis* verwechselt.

Vorkommen: Betroffen sind besonders die Sorten von *Cornus alba* (z.B. 'Aurea', ' Gouchaultii', 'Sibirica'), teilweise auch *C. mas*.

Abwehr: Überwinterung in feuchten Folientunneln vermeiden, vorbeugend Anwendung von Kontaktfungiziden im Spätherbst.

Weitere häufig vorkommende **Schaderreger**:

Anthraknose (*Discula distructiva*)
Der pilzliche Erreger ist seit vielen Jahren in den USA be-

Fleckenbildung bei *Cornus* 'Kelsey' durch Befall mit der Blattfleckenkrankheit

Gut sichtbare dunkle Fruchtkörper auf den abgestorbenen Zweigen von *Cornus mas* nach Befall mit *Sclerotinia*

Verfärbungen im Holzquerschnitt durch Befall mit *Verticillium*

Nicht austreibende verdickte Knospen durch Befall mit Gallmilben an der Haselnuss

kannt und verursacht auch in Europa seit einigen Jahren Probleme in Form von Nekrosen an *Cornus florida* und Sorten; *C. kousa* und die meisten Hybriden mit *C. florida* sind nicht betroffen. Da es leicht zu einer Verwechslung mit Blattfleckenerregern kommen kann, sollte im Bedarfsfall eine Abklärung durch einen Fachmann erfolgen.

4.10. *Cotinus* – Perückenstrauch

Schadbild: Teilweises Absterben einzelner Pflanzen bzw. Pflanzenteile im Bestand. Im Querschnitt des Holzes zeigen sich ringförmig angeordnete Verfärbungen.

Schaderreger:
Verticillium-Welke (*Verticillium albo-atrum*)

Verbreitung: Der Welkeerreger dringt über die Wurzel in die Leitbündelsysteme der Pflanze ein. Die Dauerorgane des Pilzes, die sogenannten Mikrosklerotien, verbleiben viele Jahre im Boden. Befallene Flächen sollten daher nicht mit anfälligen Kulturen bepflanzt werden (siehe unter *Acer*).

Vorkommen: Flächen mit den Vorkulturen Kartoffel und Erdbeere sollten generell für den Anbau gemieden werden. Der Befallsgrad ist mittels einer Bodenprobe zu ermitteln.

Abwehr: Verwendung von gesundem Ausgangsmaterial, besonders geeignet ist das Pflanzenmaterial aus Gewebevermehrung.

4.11. *Corylus* – Haselnuss

Schadbild: Ballonartig angeschwollene und auffallend vergrößerte Winterknospen besonders im Triebspitzenbereich, Knospen treiben nicht aus.

Schädling:
Knospengallmilbe (*Phytocoptella avellanae*)

Verbreitung: Überwinterung von weißlichen Milben (0,2 mm lang) in Knospe, dadurch Saugschäden, zweite Besiedlung der Knospen im Sommer möglich.

Vorkommen: *Corylus*, andere Arten befallen auch *Taxus*, *Prunus* und *Pinus*.

4.12. *Cotoneaster* – Zwergmispel

Schadbild: Blüten, Blätter und krautige Triebe verfärben sich schwarz, Triebe hängen hakenförmig nach unten.

Schaderreger:

Feuerbrand (*Erwinia amylovora*)

Verbreitung: Der Erreger dringt vorwiegend über die Blüten ein. Als Überträger dienen u. a. Insekten. Triebinfektionen sind in Baumschulen während der Monate August/September bei feuchtwarmer Witterung das größte Problem.

Vorkommen: Anfälligkeit der Arten und Sorten ist sehr unterschiedlich. Nach Zeller, 1980, gelten *C. salicifolius* var. *floccosus* 'Herbstfeuer' und *C. Watereri*-Hybriden als besonders anfällig. Nur geringe Anfälligkeit weisen *C. acutifolius, divaricatus, horizontalis* und *multiflorus* auf.

Abwehr: Vernichten befallener Pflanzen/Pflanzenteile. Meldepflichtige Krankheit.

Abgestorbene Blütenstände an *Cotoneaster* durch Befall mit Feuerbrand

4.13. *Crataegus* – Weißdorn

Schadbild: Vorwiegend an einjährigen Trieben befinden sich im Spätsommer und Herbst 2–4 cm lange Verdickungen. Befall der Blätter (braune Pusteln auf der Unterseite) ebenfalls möglich.

Schaderreger:

Rost (*Gymnosporangium clavariiforme*)

Verbreitung: Der Erreger ist wirtswechselnd mit verschiedenen *Juniperus*-Arten.

Vorkommen: Besonders an *C. laevigata* 'Pauls Scarlet'.

Abwehr: Räumliche Trennung der Wirtspflanzen bringt nur teilweise Erfolg, Entfernung befallener Triebe aus dem Bestand.

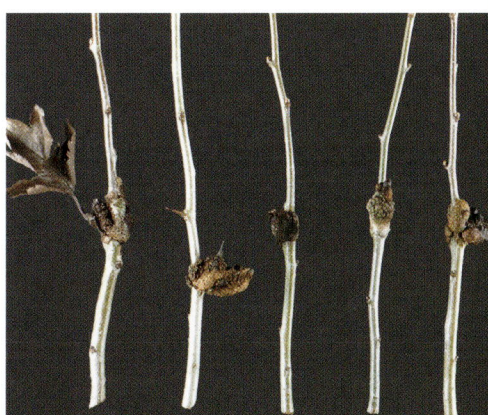

Sporenlager an Trieben von *Crataegus* durch Befall mit Rostpilzen (Foto: D. Bartels)

Befall an *Crataegus* im Sommer

Kleine Blattflecken auf *Crataegus* durch Befall mit der Blattfallkrankheit

Absterbeerscheinungen an *Crataegus* durch den Befall mit Feuerbrand

Schadbild: Auf den Blättern bilden sich während der Vegetationsperiode bräunliche bis schwärzliche Flecken, die unterschiedlich geformt sein können. Ein besonderes Merkmal ist außerdem ein vorzeitiger Blattfall. Ganze Bäume können bereits im August entblättert sein.

Schaderreger:

Blattfallkrankheit (*Diplocarpon maculatum*)

Vorkommen: Besonders an *C. laevigata* 'Pauls Scarlet'. Alle anderen *Crataegus*-Arten scheinen gegenüber dem Erreger resistent zu sein.

Abwehr: Entfernung des Herbstlaubes.

Schadbild: In den Triebspitzenregionen verfärben sich die Blätter, plötzlich im Frühjahr und Sommer werden sie braun, hängen abgestorben am Trieb, werden nicht abgetrennt. Tote Blüten und evtl. abgestorbene Fruchtmumien bleiben bis in den Winter am Baum, ganze Pflanzen sterben ab.

Krankheitserreger:

Feuerbrand (*Erwinia amylovora*)

Verbreitung: Übertragung des Bakteriums durch Wasserspritzer, Einschleppung durch Tiere, den Menschen und Transport kranker Pflanzen. Bakterien infizieren durch natürliche Öffnungen, Blüten und Wunden.

Vorkommen: *Chaenomeles, Cotoneaster, Crataegus, Malus, Pyracantha, Pyrus, Sorbus intermedia, Stranvaesia* u. a.

Abwehr: Sofortige Meldung beim Pflanzenschutzdienst, großzügige Vernichtung von befallenen Beständen, Pflanzung weniger anfälliger Gehölzgattungen, Beachtung des Warndienstes.

Weitere häufig vorkommende **Schaderreger:**

Echter Mehltau (*Podosphaera clandestina, Phyllactinia guttata*), siehe Kapitel 2

4.14. *Cytisus* – Ginster

Schadbild: Anfang des Sommers sterben plötzlich ganze Mitteltriebe auf einer Länge von 10–15 cm oberhalb des Erdbodens ab. Die darüber befindlichen Pflanzenteile verfärben sich gelblich. Sind die Triebe nur gelblich verfärbt und das Gewebe nicht zerstört, besteht der Verdacht auf Eisenmangelchlorose, die bei *Cytisus* häufig zu finden ist.

Schaderreger:
Fusarium-Welke (*Fusarium roseum, Fusarium oxysporum*)

Hinweis: Ein Befall mit *Phytophthora* kann zu vergleichbaren Absterbeerscheinungen führen.

Verbreitung: Der Welkeerreger tritt an *Cytisus* besonders von Juni bis August auf und wird durch feuchte Witterungsperioden gefördert.

Abwehr: Vernichten befallener Pflanzen. Verwendung weniger anfälliger Sorten wie z. B. 'Burkwoodii', 'Butterfly', 'Lena', 'Luna'.

Partielles Triebsterben an Ginster durch Befall mit *Fusarium* (Foto: D. Bartels)

Gelbfärbung von Ginster aufgrund von Eisenmangel

Schadbild: An Blättern und krautigen Trieben bilden sich zunächst schwarze Flecken, bei fortgeschrittenem Befall verfärben sich ganze Triebe.

Schaderreger:
Stängelfleckenkrankheit (*Pleiochaeta setosa*)

Verbreitung: Der Erreger ist häufiger in dichten und stark wachsenden Pflanzenbeständen in Baumschulen zu finden, die schlecht abtrocknen. Nur selten ist ein Befall in Privatgärten zu finden.

Vorkommen: Über die Anfälligkeit von Sorten liegen keine gesicherten Erkenntnisse vor. Neben *Cytisus* werden auch andere Gattungen aus der Familie der Leguminosen, wie z. B. die Lupine, von diesem Erreger befallen.

Abwehr: Für eine gute Durchlüftung der Pflanzenbestände sorgen und trockene Kulturführung.

Abgestorbene Triebe und Stängelflecken durch Befall mit *Pleiocheata* (Foto: D. Bartels)

4.15. *Euonymus* – Pfaffenhütchen, Spindelstrauch

Schadbild: Auf den Blättern befindet sich ein weißlicher Belag, anfänglich auch nur einzelne Flecken.

Schaderreger:
Echter Mehltau (*Microsphaera euonymi*)

Verbreitung: Der Erreger ist spezialisiert auf einzelne Arten. Ein Übergreifen auf Pflanzen aus anderen Pflanzenfamilien findet nicht statt.

Vorkommen: Die Anfälligkeit der Arten und Sorten ist unterschiedlich. Die laubabwerfende Art *Euonymus europaeus* gilt als recht anfällig. Generell werden immergrüne Arten weniger befallen.

Abwehr: Bei stärkerem Befall können Präparate gegen Echte Mehltaupilze eingesetzt werden.

Echter Mehltau an immergrüner *Euonymus*-Art

Echter Mehltau an *E. europaeus*

Schadbild: An den Stängeln im erdnahen Bereich bilden sich tumorartige Verdickungen mit einem Durchmesser von mehreren Zentimetern.

Schaderreger:
***Rhizobium* – Bakterienkrankheit** (*Rhizobium radiobacter, syn. Agrobacterium tumefaciens*)

Verbreitung: Das Bakterium findet insbesondere in Gewächs- und Folienhäusern optimale Entwicklungsmöglichkeiten.

Vorkommen: Über die Anfälligkeit einzelner Arten und Sorten liegen keine Erkenntnisse vor.

Abwehr: Regelmäßige Desinfektion von Kultureinrichtungen und Schnittwerkzeugen sowie Verwendung von gesundem Ausgangsmaterial und möglichst trockene Kulturführung als vorbeugende Maßnahmen.

Typische tumorartige Wucherung an *Euonymus*

Schadbild: Auf den Blättern bilden sich kleine braune, häufig feuchte Flecken. Diese sind deutlich vom gesunden Blattgewebe abgegrenzt. Junge krautige Triebe sterben ab und verfärben sich braun.

Schaderreger:

***Pseudomonas* – Bakterienkrankheit** (*Pseudomonas syringae*)

Verbreitung: Im Rahmen der vegetativen Vermehrung im Gewächshaus findet der Erreger in feuchter und warmer Umgebung optimale Ausbreitungsmöglichkeiten.

Vorkommen: An immergrünen, bodendeckenden Arten im Gewächshaus in dichten Pflanzenbeständen häufiger zu sehen. In der Fachliteratur an dieser Pflanze kaum beschrieben.

Abwehr: Regelmäßige Desinfektion von Kultureinrichtungen und Schnittwerkzeugen sowie Verwendung von gesundem Ausgangsmaterial und möglichst trockene Kulturführung als vorbeugende Maßnahmen.

Nahaufnahme mit typischem Abgrenzungsbereich zum gesunden Gewebe

Schadbild an *E. fortunei* 'Emerald Gaiety'

4.16. *Erica* – Winterheide

siehe unter *Calluna*

Deutlich sichtbare Läuse mit Wachsausscheidungen

Schwarze Wintereier auf einem Buchen-
zweig

Befall der Gallmücke führt zum Absterben
der Terminalknospe und Förderung der
Seitentriebe

4.17. *Fagus* – Rotbuche

Schadbild: Blätter der Pflanzen sind gekräuselt und Ränder löffelartig nach unten gekrümmt, Braunverfärbung, blattunterseits weiße wollige Wachsausscheidungen, unter denen Läuse sitzen (ca. 2 mm groß). Schäden auch an krautigen Trieben möglich.

Schädling:
Buchenblatt-Baumlaus (*Phyllaphis fagi*)

Verbreitung: Überwinterung als Eier an den Knospen, im Frühjahr mehrere Generationen ungeflügelte, im Frühsommer geflügelte Läuse.

Abwehr: Die Bekämpfung der Laus gestaltete sich in den vergangenen Jahren zunehmend schwieriger, da die vorhandenen Präparate keine ausreichende Wirkung mehr zeigen.

Schadbild: Terminal- und andere Knospen verbräunen und sterben während der Vegetationsperiode ab, Gefahr der Zwieselbildung.

Schädling:
Knospengallmücken (*Contarinia fagi* u. *Dasineura fagicola*)

Verbreitung: Der Kenntnisstand über den Schädling ist momentan noch gering. Starkes Auftreten in manchen Jahren, häufig erst im Spätsommer, kann zur vollständigen Vernichtung der Terminalknospe führen.

Abwehr: Präparate aus der Gruppe der Neonicotinoide (Calypso, Confidor WG 70, Mospilan SG u. a.) zeigen keine Wirksamkeit gegenüber dieser Gallmückenart. Daher sind im Bedarfsfall Präparate aus der Gruppe der Pyrethroide (z. B. Karate Zeon) zu verwenden.

4.18. *Fargesia* – Schirmbambus

Schadbild: An den Nodien befinden sich dicht gedrängt bräunliche Läuse mit starken Wachsabscheidungen. Das Wachstum der Pflanzen stagniert.

Schaderreger:
Wolllaus (*Trionymus bambusae, T. isfarensis*)

Verbreitung: Erst vor etwa 15 Jahren wurde diese Art nach Nordeuropa eingeschleppt. Probleme ergeben sich vor allem bei der Kultur in Gewächshäusern, nicht so sehr im Freiland.

Vorkommen: Besonders betroffen sind Bambus-Arten, die sich nur langsam aus der Halmscheide lösen.

Abwehr: Im Bedarfsfall Behandlung mit systemischen Präparaten aus der Gruppe der Neonicotinoide (z. B. Confidor WG 70, Mospilan SG). Andere Produkte zeigen nur eine geringe Wirksamkeit.

Starker Befall an *F. nitida*

4.19. *Forsythia* – Goldglöckchen

Schadbild: An den Trieben vorwiegend älterer Pflanzen bilden sich größere, kropfartige Gallen mit einem Durchmesser von mehreren Zentimetern.

Schaderreger:
Bakterienkrebs (*Rhodococcus fascians*)

Verbreitung: Die Ausbreitung des Erregers erfolgt mit Wind, Wasser und Vermehrungsmaterial.

Abwehr: Abschneiden und Vernichtung befallener Pflanzenteile.

Wulstbildung und Verkrüppelung von Trieben durch Befall mit Bakterienkrebs

75

Schadbild: Im Frühjahr entwickeln sich Blätter mit kleinen braunen Flecken. Bei starkem Befall werden die Blätter und Blattstiele schwarz.

Schaderreger:
Bakterienseuche (*Pseudomonas syringae*)

Hinweis: Das Schadbild kann mit einem Spätfrostschaden verwechselt werden.

Verbreitung: Die Ausbreitung des Erregers erfolgt mit Wind, Wasser und Vermehrungsmaterial.

Vorkommen: Als besonders anfällig gilt die Sorte 'Spectabilis'.

Abwehr: Windige, feuchte und frostgefährdete Standorte meiden, Verwendung von gesundem Ausgangsmaterial.

Absterbeerscheinungen an Blättern und jungen Trieben durch Befall mit der Bakterienseuche

4.20. *Fraxinus* – Esche

Schadbild: Terminal- und andere Endknospen der Pflanzen sind verbräunt, treiben gar nicht, verspätet oder ungleichmäßig aus. Bereits voll entwickelte Blätter zeigen auf der Unterseite untypische Verbräunungen auf der gesamten Blattspreite. Die Pflanzen zeigen starke Wuchsdepressionen.

Schädling:
Gallmilben (*Aculus epiphyllus*)

Verbreitung: Winzig kleine Milben saugen am Pflanzengewebe. Sie sind nur bei starker Vergrößerung sichtbar.

Abwehr: Behandlungen sind i. d. R. nur in der Baumschule erforderlich und können mit Präparaten gegen Gallmilben erfolgen. Außerdem hat sich die Behandlung mit Schwefelpräparaten während der Sommermonate bewährt.

Blattverkrümmungen von *Fraxinus* durch Befall mit Gallmilben

Schadbild: Blätter verfärben sich weißlich bis weinrot und verdrehen sich dabei. Darauf befinden sich wachsbedeckte Insekten.

Schaderreger:
Eschen-Blattfloh (*Psylopsis fraxini*)

Verbreitung: In den eingerollten Blättern entwickeln sich die Larven. Etwa zur Jahresmitte erscheinen dann die geflügelten (adulten) Blattflöhe. Die Überwinterung erfolgt im Eistadium an der Pflanze.

Vorkommen: Befallen werden alle Eschen-Arten. In der baumschulischen Produktion ist ein verstärktes Auftreten zu beobachten.

Abwehr: Nur bei starkem Befall, am Endstandort wie z. B. im öffentlichen Grün nicht erforderlich.

Blattdeformationen und Verfärbungen durch Befall mit Eschen-Blattfloh

Schadbild: An ein- und zweijährigen Zweigen wird in den Sommermonaten die Rinde abgefressen. Häufig kann man Hornissen dabei beobachten. Sie benötigen die Rinde für den Bau ihrer Nester.

Schaderreger:
Hornissen (*Vespa crabo* u.a.)

Verbreitung: Zunehmendes Problem in der Baumschulproduktion.

Vorkommen: Schäden konnten bisher nur bei *F. excelsior* beobachtet werden. Da vielfach auch der Mitteltrieb der Bäume betroffen ist, sind befallene Pflanzen wertlos. Häufig auch an der Sandbirke zu finden.

Abwehr: Eine Bekämpfung ist nicht erlaubt, da Hornissen zu den geschützten Arten (Rote Liste) gehören.

Fraßschäden von Hornissen an *Fraxinus*

77

Welkerscheinungen im Spätsommer
nach Befall mit Eschentriebsterben

Bräunliche bis gelbliche Verfärbung der
Rinde durch Befall mit Eschentriebsterben

Deutlich sichtbare Verfärbungen im
Holzquerschnitt nach Befall mit Eschentriebsterben

Schadbild: Pflanzen zeigen im Spätsommer zunächst Welkeerscheinungen am einjährigen Holz. Die Blätter verfärben sich dunkelbraun, verbleiben aber zunächst an den Pflanzen. Im Winterzustand sind äußerlich am Holz hell- bis dunkelbraune Verfärbungen sichtbar. Im Querschnitt der Zweige werden starke Verbräunungen sichtbar.

Schaderreger:
Eschentriebsterben (*Chalara fraxinea*)

Hauptfruchtform: *Hymenoscyphus pseudoalbidus*

Verbreitung: Der pilzliche Erreger ist in den vergangenen 20 Jahren von Schweden und Polen westwärts gewandert und hat mittlerweile auch England und Irland erreicht. Die Infektion der Pflanze erfolgt im Sommer. Auf den abgefallenen Blattstielen von erkrankten Bäumen des Vorjahres entwickelt sich ein kleiner Becherpilz, das sogenannte „Falsche Weiße Becherchen", woraus die neue Infektion erfolgt.

Vorkommen: Vorwiegend befallen werden *F. excelsior* und deren Sorten. Prüfungen der Sortenanfälligkeit zeigen deutliche Unterschiede, eine Toleranz bzw. Resistenz einzelner Sorten konnte nicht beobachtet werden. Stark anfällig ist die Sorte 'Westhoff's Glorie'. *F. angustifolia* 'Raywood' zeigte ebenfalls eine hohe Anfälligkeit. Nicht befallen werden u. a. *F. ornus* und die amerikanischen Arten *F. americana* und *F. pennsylvanica*.

Abwehr: In der baumschulischen Produktion können vorbeugend ab Sommeranfang Fungizide eingesetzt werden, mit denen aber keine kurative Wirkung gegeben ist. Daher bleibt vorerst nur die Verwendung der resistenten Arten.

4.21. *Gaultheria* – Scheinbeere

Schadbild: An den Blättern und Trieben befinden sich braune bis rotbraune Flecken, die darüberliegenden Spitzen sterben ab.

Schaderreger:

Triebsterben (*Glomerella cingulata*)

Verbreitung: Besonders unter feuchtwarmen Witterungsbedingungen.

Abwehr: Verwendung von gesundem Ausgangsmaterial und sofortiges Entfernen befallener Pflanzen aus dem Bestand. Eine unterschiedliche Anfälligkeit einzelner Sorten konnte bislang nicht beobachtet werden.

Blattverfärbungen und Absterbeerscheinungen an *Gaultheria* durch Befall mit dem Triebsterben (Foto: H. Nennmann)

Schadbild: Pflanzen zeigen zunächst fahle, später braune Belaubung. Bei Betrachtung (Anschnitt) zeigen sich bräunliche Verfärbungen der Rinde am Wurzelhals und an den Wurzeln.

Schaderreger:

Wurzelfäule (*Phytophthora cinnamomi*)

Hinweis: Eine Verwechslung des Schaderregers mit der Stängelgrundfäule (*Cylindrocladium scoparium*) ist möglich. Zur Absicherung der Diagnose sollte eine Laboruntersuchung erfolgen.

Verbreitung: Eine Ausbreitung des Erregers über geschlossene Wasserkreisläufe ist nach neueren Erkenntnissen möglich.

Abwehr: Verwendung von gesundem Vermehrungsmaterial, sofortiges Entfernen befallener Pflanzen aus dem Bestand und große Betriebshygiene.

Bräunliche Verfärbungen im Wurzelbereich nach Befall mit Wurzelfäuleerregern

Verdickungen und rötliche Verfärbungen
nach Befall mit Gallmücken

Gallmücke auf dem Blatt von *Gleditsia*
(Foto: K. Schrameyer)

Verkümmerung der Triebspitzen von
Hedera durch Befall mit Triebspitzenmilbe
(Foto: R. Wilke)

4.22. *Gleditsia* – Lederhülsenbaum

Schadbild: Gelbliche bis purpurfarbene Verdickungen an den jungen Blättern, die sich später bräunlich verfärben, im Inneren befinden sich rötliche Larven.

Schädling:
Gleditsia-Gallmücke (*Dasineura gleditsiae*)

Verbreitung: Ab Mai legt das ausgewachsene Insekt seine Eier auf die Blätter, die sich nach ca. einer Woche verformen. In der Regel befinden sich 2–3 bräunliche Larven in den Gallen. 2–3 Generationen pro Jahr. Die Überwinterung erfolgt als Larve im Boden.

Abwehr: Rückschnitt befallener Pflanzenteile.

4.23. *Hedera* – Efeu

Schadbild: Austrieb und junge Blätter sind verkrüppelt und vertrocknen. Ganze Bereiche eines Triebes sind ohne Blätter.

Schädling:
Triebspitzenspinnmilbe (*Tarsonemus pallidus*)

Verbreitung: Winzige Milben (0,1–0,3 mm) von gelblicher Färbung mit zwei Beinpaaren.

Vorkommen: Buntlaubige Sorten werden bevorzugt befallen.

Abwehr: Rückschnitt und Vernichtung befallener Pflanzenteile.

Schadbild: Auf den Blättern rundliche braune Flecken, konzentrisch gezont. Später verfärben sich diese Flecken leicht gräulich und bekommen einen purpurfarbenen Rand, im Inneren bilden sich kleine schwarze Punkte. Triebe werden in der Regel nicht befallen.

Schaderreger:
Blattfleckenkrankheit (*Phyllosticta hedericola*)

Abwehr: Rückschnitt befallener Pflanzenteile.

Schadbild: Auf den Blättern bilden sich hell- bis dunkelbraune Flecken. Triebe werden ebenfalls befallen.

Schaderreger:
Blatt- und Stängelfleckenkrankheit (*Colletotrichum glosporioides*)

Hinweis: Eine Verwechslung mit dem Erreger der Blattfleckenkrankheit (*Phyllosticta hedericola*) ist möglich.

Abwehr: Rückschnitt befallener Pflanzenteile, Verwendung von gesundem Ausgangsmaterial.

Schadbild: An den Blättern bilden sich kleine, scharf begrenzte, glasig durchscheinende Flecken, die sich vergrößern, ausbreiten und schwarz werden. Triebe werden ebenfalls befallen, Bildung von Bakterienschleim möglich.

Schaderreger:
Bakterienblattfleckenkrankheit, Efeukrebs (*Xanthomonas campestris pv. hederae*)

Vorkommen: Nach Untersuchungen in Belgien (Mertens/Derycke) sind die Sorten unterschiedlich anfällig. Sorten von *H. colchica* und *Arborescens*-Formen sind nur gering anfällig, während *H. helix* 'Goldheart' und 'Woerner' als sehr anfällig gelten.

Abwehr: Entfernen befallener Pflanzen aus dem Bestand, Bewässerung möglichst nicht „über Kopf".

Weitere häufig vorkommende **Schaderreger**: siehe Kapitel 2.
Spinnmilben (*Tetranychus urticae*)

Schwarze Fleckenbildung durch Befall mit der Blattfleckenkrankheit (Foto: J. Dalchow)

Flecken auf Blättern und Trieben von *Hedera* durch Befall mit der Stängelfleckenkrankheit (Foto: R. Wilke)

Abgestorbene Triebe und Blätter an *Hedera* durch Befall mit Efeukrebs (Foto: R. Wilke)

Welkeerscheinungen nach Befall mit
Wurzelfäule

4.24. *Hydrangea* – Hortensie

Schadbild: Während der Vegetation zeigen einzelne Triebe Welkesymptome und Absterbeerscheinungen. Am Stängelgrund sind Verbräunungen zu finden.

Schaderreger:

Wurzelfäule, Stängelgrundfäule (*Phytophthora*-Arten, *Rhizoctonia solani*)

Verbreitung: Die Ausbreitung des Erregers erfolgt u. a. über die Bewässerung.

Abwehr: Trockene Kulturführung und Betriebshygiene, Wasserrecycling sollte nur nach vorheriger Reinigung, z. B. durch Sandfilter, erfolgen.

Echter Mehltau an einem Blatt von
H. macrophylla

Schadbild: Auf den Blattoberseiten befinden sich unregelmäßig verteilt weiße Flecken.

Schaderreger:
Echter Mehltau (*Microsphaera polonica*)

Vorkommen: Die Anfälligkeit der Sorten von *Hydrangea macrophylla* ist sehr unterschiedlich. Daher sollten vorrangig weniger anfällige Sorten verwendet werden. Nur selten werden *H. arborescens* und *H. paniculata* und deren Sorten befallen.

Abwehr: Verwendung resistenter Sorten.

Weitere häufig vorkommende **Schaderreger**:
Stängelälchen (*Ditylenchus dipsaci*), siehe Kapitel 2.

4.25. *Hypericum* – Johanniskraut

Schadbild: Während der Vegetation bilden sich deutlich sichtbare bräunliche Sporenlager auf den Blattunterseiten, oberseits sind helle Flecken sichtbar. Nur bei stärkerem Befall kommt es zu Blattfall.

Schaderreger:

Rost (*Melampsora hypericorum*)

Verbreitung: Angaben zum Verhalten des Rostpilzes sind nur begrenzt vorhanden. Eine größere Anzahl von Wirtspflanzen ist bekannt.

Vorkommen: Die Anfälligkeit der Arten und Sorten ist sehr unterschiedlich. Relativ anfällig ist die bodendeckende Art *H. calycinum*. Höher wachsende Sorten aus der *Patulum*- (z. B. 'Hidcote Gold') oder *Moserianum*-Gruppe zeigen dagegen nur selten Befall. Sorten für den Schnitt aus der *Androse-amum*-Gruppe zeigen i. d. R. eine hohe Anfälligkeit.

Abwehr: Verwendung weniger anfälliger Sorten, bei Bedarf Verwendung von Präparaten gegen Rostpilze.

Schadbild: Welkeerscheinung und Absterben einzelner Pflanzen in der baumschulischen Produktion.

Schaderreger:

Wurzelfäule (*Phytophthora*-Arten, *Cylindrocarpon destructans*)

Verbreitung: Beide genannten Erreger sind häufiger bei der Kultur von *Hypericum* zu finden. Vor einer Behandlung sollte daher eine Diagnose des Schaderregers im Labor erfolgen.

Abwehr: Betriebshygiene und trockene Kulturführung.

Deutlich sichtbare Sporenlager des Rostpilzes auf der Blattunterseite

Absterben einzelner Pflanzen nach Befall mit Wurzelfäule

83

Flecken und Zeichnungen an Blättern von *Ilex* nach Befall mit der Minierfliege (Foto: D. Bartels)

Deutlich sichtbarer Befall der Blattunterseite (Foto: D. Bartels)

Rindennekrosen an Zweigen von *Ligustrum* nach Befall mit der Rindenfleckenkrankheit

4.26. *Ilex* – Stechpalme

Schadbild: Etwa ab Juni minieren weißliche Larven in den Blättern der Stechpalme. Verursacht werden schlangenförmige, dann blasig aufgewölbte Minen. In den Fraßgängen befinden sich Kotkrümel, Larven (Maden) oder kleine braune Puppen, nach Vergilben der Blätter fallen diese im Spätsommer ab.

Schädling:
Ilex-Minierfliege (*Phytomyza ilicis*)

Verbreitung: Im Juni Eiablage an der Blattmittelrippe, Überwinterung in Blattminen, Verpuppung im folgenden Frühjahr, Schlupf der Fliege im Mai/Juni.

Schadbild: Auf den Blattunterseiten befinden sich längliche Läuse mit starker weißer Wachsausscheidung. Blätter sind oft schwarzen Rußtaupilzen überzogen.

Schaderreger:
Ahorn-Schmierlaus (*Phenacoccus aceria*)

Verbreitung: Starke Verbreitung in Gärten, Parks und Baumschulen.

Vorkommen: Vorwiegend werden die großlaubigen Arten und Sorten befallen.

4.27. *Ligustrum* – Liguster, Rainweide

Schadbild: Während des Spätsommers und der Versandarbeiten brechen einzelne Triebe der Pflanzen ab, im unteren Bereich der Pflanze befinden sich eingesunkene Rindenstellen, z. T. mit Wundreaktion der Pflanzen.

Schaderreger:
Rindenfleckenkrankheit (*Colletotrichum sp.*)

Verbreitung: Der Erreger überwintert am Holz befallener Zweige und infiziert bereits im Frühjahr die noch krautigen Triebe der Pflanze.

Abwehr: Vorbeugend Verwendung gesunden Pflanzenmaterials.

Schadbild: Auf den Blättern bilden sich im Spätsommer braune Flecken mit dunkelrotem Rand, die meistens rundlich geformt sind. Bei starkem Befall setzt vorzeitiger Blattfall ein.

Schaderreger:

Blattflecken (*Ascochyta sp., Phyllosticta sp.*)

Verbreitung: Der Erreger hat besonders in Jahren mit vielen Niederschlägen im Spätsommer und frühen Herbst größere Bedeutung in Baumschulen. Im kontinentalen Klimabereich ist das Schadbild seltener zu finden.

Abwehr: Windoffene Lagen bei der Produktion bevorzugen, bei stärkerem Befall Einsatz von Präparaten gegen Blattfleckenerreger.

Blattflecken auf Blättern von Liguster

4.28. *Lonicera* – Heckenkirsche

Schadbild: Blätter kräuseln sich von den Triebspitzen und drehen sich nach innen, auf der Blattunterseite befindet sich ein harter weißlicher Belag (Kalkflecken!). Befallene Blätter verbleiben meist bis zum Ende der Vegetationsperiode an der Pflanze.

Schaderreger:

Kalkfleckenkrankheit (*Herpobasidium deformans*)

Verbreitung: Die Krankheit befällt besonders *L. tatarica* und deren Sorten 'Hack's Red', 'Arnold Red' und 'Rosea'. Feuchte Witterungsbedingungen scheinen die Ausbreitung der Krankheit zu begünstigen.
Seit einigen Jahren ist ein verstärkter Befall an bodendeckenden Arten zu beobachten, insbesondere die Sorte *L. nitida* 'Maigrün' scheint anfälliger zu sein. Resistent sind dagegen *L. xylosteum* sowie deren Hybriden und Sorten.

Abwehr: Vorbeugend Verwendung gesunden Vermehrungsmaterials.

Verbräunung der Blätter von *Lonicera* durch Befall mit der Kalkfleckenkrankheit

Befallene Blätter an *Lonicera* 'Maigrün'

Blattdeformationen an *L. tatarica* nach Befall mit Lonicera-Blattlaus

Schadbild: Blätter verfärben sich untypisch rötlich und sind wesentlich schmaler. Bei stärkerem Befall sind die Triebe gestaucht, krautige Triebe hängen herab. Die Befallsherde sind ungleichmäßig im Pflanzenbestand verteilt.

Schaderreger:
Lonicera-Blattlaus (*Hyadaphis tataricae*)

Verbreitung: Die Überwinterung der Blattlaus erfolgt im Eistadium. Ein Wirtswechsel zu anderen Pflanzenarten findet nicht statt. Die Läuse sind besonders in den gefalteten Blättern zu finden.

Vorkommen: Die Laus befällt nur die Art *L. tatarica* sowie deren Sorten und Hybriden. An *L. xylosteum* ist sie nicht zu finden.

Abwehr: Rückschnitt und Vernichtung befallener Pflanzenteile, Anwendung von systemischen Präparaten gegen Blattläuse.

4.29. *Lycium* – Bocksdorn, Goji-Beere

Schadbild: Auf den Blättern bilden sich 3–5 mm große, warzenartige helle Ausstülpungen, junge Austriebe sind deformiert.

Schaderreger:
Gallmilben (*Aceria kuko*)

Verbreitung: Die Gallmilbe ist mit Pflanzenlieferungen aus Asien nach Europa eingeschleppt und bisher nur sehr vereinzelt nachgewiesen worden.

Vorkommen: Nach ersten Einschätzungen können alle Pflanzen aus der Familie der Nachtschattengewächse befallen werden.

Abwehr: Sofortige Meldung an zuständige Pflanzenschutzdienste, es handelt sich um einen Quarantäneschaderreger.

Weitere häufig vorkommende **Schaderreger**:
Echter Mehltau (*Arthrocladiella mougeotii*)

Warzenartige Ausstülpungen nach Befall mit Gallmilben an Goji-Beere

4.30. *Magnolia* – Magnolie

Schadbild: Auf den Blättern befinden sich eckige schwarze Flecken, die durch die Blattadern scharf begrenzt sind. Das Schadbild tritt meist erst in den Sommermonaten auf.

Schaderreger:

Bakterienblattfleckenkrankheit (*Pseudomonas syringae*)

Verbreitung: Die Ausbreitung des Erregers erfolgt durch Wind, Wasser und Vermehrungsmaterial.

Vorkommen: Befallen wird in erster Linie *M. soulangiana*.

Abwehr: Verwendung von gesundem Pflanzenmaterial, Betriebshygiene.

Weitere häufig vorkommende **Schaderreger**: siehe Kapitel 2.
Spinnmilben (*Tetranychus urticae*)

Schwarze Punkte auf den Blättern von *Magnolia* nach Befall mit der Bakterienblattfleckenkrankheit

4.31. *Mahonia* – Mahonie

Schadbild: Auf den Blättern befindet sich ein mehliger weißer Belag.

Schaderreger:

Echter Mehltau (*Microsphaera berberides*)

Verbreitung: Die Ausbreitung des Erregers erfolgt besonders durch den Wind, auch bei trockenen Bedingungen.

Vorkommen: Alle Arten und Sorten können befallen werden.

Weißer Belag auf *Mahonia* durch Befall mit Echtem Mehltau

Schadbild: Auf den Blättern befinden sich kleine rötliche Flecken, auf der Unterseite zunächst gelblich bis bräunliche Pusteln, die zum Herbst / Winter schwarze Farbe annehmen.

Schaderreger:

Mahonienrost (*Cumminisiella mirabilissima*)

Verbreitung: Der Erreger ist nicht wirtswechselnd, alle Sporenformen werden auf der Mahonie gebildet. Trockene Standorte begünstigen die Entwicklung.

Dunkle Sporenlager (Wintersporen) des Mahonienrostes auf den Blattunterseiten

Wachsausscheidungen von Blutläusen

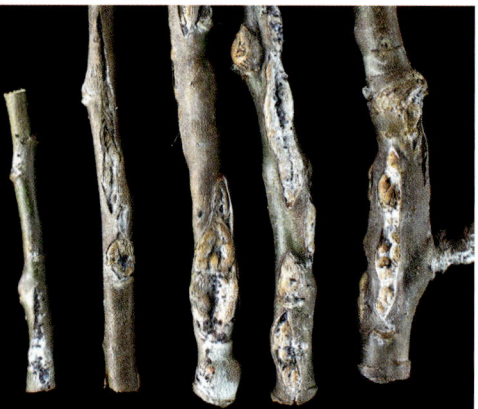

Tumorartige Wucherungen am Holz nach Befall mit Blutläusen

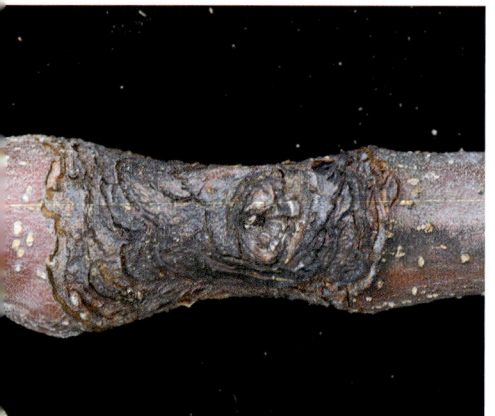

Junger Zweig von *Malus* mit Befall durch Obstbaumkrebs

4.32. *Malus* – Apfel

Schadbild: Besonders an Wund- und Schnittstellen sind weiße watteartige Wachsausscheidungen von dunkel gefärbten Läusen zu erkennen, unter großen Lauskolonien bilden sich tumorartige Wucherungen (Blutlauskrebs).

Schädling:
Blutlaus (*Eriosoma lanigerum*)

Verbreitung: Im Sommer durch geflügelte Tiere, Überwinterung am Wurzelhals, 10–12 Generationen pro Jahr sind möglich.

Vorkommen: *Malus*, *Pyrus*, *Sorbus* und ihnen verwandte Gattungen.

Abwehr: Widerstandsfähige Sorten und Unterlagen wählen. Bevorzugt besiedelt werden u. a. 'Goldparmäne', 'Cox Orange', 'James Grieve', 'Weißer Klarapfel' und 'Jonathan'.

Schadbild: Absterben junger Äste und Zweige, darunterliegend eingesunkene, rissige Rindenstellen. Über mehrere Jahre können sich größere tumorartige Wucherungen bilden.

Schaderreger:
Obstbaumkrebs (*Nectria galligena*)

Verbreitung: Der pilzliche Erreger kann nur über Wunden (z. B. Blattstiele, Frostrisse usw.) in die Pflanze eindringen.

Vorkommen: Alle Kernobst-Arten sowie deren Verwandte.

Abwehr: Ausschneiden befallener Stellen, sorgfältiger Wundverschluss.

Weitere häufig vorkommende **Schaderreger**: siehe Kapitel 2.

Apfelmehltau (*Podosphera leucotricha*)
Apfelschorf (*Venturia inaequalis*)
Obstbaumspinnmilbe (*Panonychus ulmi*)

Schadbild: Blätter einzelner Zweige und Äste sind silbrig und matt verfärbt. Im Querschnitt befallener Bäume ist das Kernholz dunkel verfärbt.

Schaderreger:

Pilzlicher Bleiglanz (*Chondrostereum purpureum*)

Verbreitung: Die Infektion erfolgt i. d. R. über frische Schnittwunden in den Wintermonaten, in deren Umfeld sich vielfach Rußtaupilze ansiedeln. Eine Verwechslung mit dem physiologischen Bleiglanz ist möglich. Dieser kann u. a. durch Nährstoffmangel verursacht werden, führt allerdings nicht zur Verfärbung des Kernholzes.

Vorkommen: Der Erreger hat ein breites Wirtspflanzenspektrum. Neben Kern- und Steinobst können viele Laubbaum- und Zierstrauch-Arten befallen werden. Seit einigen Jahren ist ein stärkeres Auftreten zu beobachten.

Abwehr: Rückschnitt bis ins gesunde Holz (keine dunkle Verfärbung vom Kernholz) bzw. sofortige Rodung befallender Pflanzen und sorgfältige Betriebshygiene.

4.33. *Morus* – Maulbeerbaum

Schadbild: Auf Stämmen und Ästen befinden sich intensiv weiß gefärbte, wachsüberzogene Schildläuse.

Schaderreger:

Maulbeer-Schildlaus (*Pseudaulacaspis pentagona*)

Verbreitung: Im Rahmen des Klimawandels haben sich diese, zu den Deckelschildläusen gehörenden, wärmeliebenden Schildläuse weiter nach Norden ausgebreitet. In Deutschland werden i. d. R. zwei Generationen pro Jahr gebildet. Die befruchteten Weibchen legen im Frühjahr ihre Eier unter den Schilden ab. Nach etwa drei Wochen sind die beweglichen Larven zu finden. Im Spätsommer entwickelt sich dann eine weitere Generation.

Vorkommen: Befallen werden zahlreiche Obst- und Ziergehölze, insbesondere *Ribes*-Arten, *Acer* und *Catalpa*.

Abwehr: Insgesamt gestaltet sich die Bekämpfung schwierig. Ölpräparate zeigen nur gegen die beweglichen Stadien Wirkung. Mit anderen Produkten konnten bislang keine befriedigenden Resultate erzielt werden.

Silbrig glänzendes Zierapfelblatt (unten) mit Befall von Bleiglanz, oben gesundes Blatt im Vergleich

Maulbeer-Schildläuse am Stamm von *Morus*

Blattfleckenkrankheit, Schadbild am Blatt von *Pachysandra*

Braunfärbung von Wurzel und Wurzelhals nach Befall mit *Phytophthora sp.*; links gesunde Pflanze mit weißer Wurzel

Befall Falscher Mehltau an einem Blatt von *P. Veitchii*

4.34. *Pachysandra* – Dickanthere

Schadbild: Auf Blättern und Stängeln bilden sich braune, unregelmäßig geformte Flecken; häufig starke Schäden in der Vermehrung.

Schaderreger:
Blattfleckenkrankheit (*Volutella pachysandri*)

Abwehr: Verwendung gesunden Vermehrungsmaterials, befallene Pflanzen sofort aus dem Bestand entfernen.

Schadbild: Nesterweise verfärben sich die Blätter braun. Bei genauer Betrachtung von Wurzel und Wurzelhals sind diese ebenfalls braun verfärbt.

Schaderreger:
Wurzelfäule (*Phytophthora sp.*)

Verbreitung: Der Erreger verbreitet sich mit Gieß- und Regenwasser im Pflanzenbestand. Befallsherde sollten daher rasch beseitigt werden. Da auch die Triebe befallen werden, ist eine Verwechslung mit der Blattfleckenkrankheit möglich.

Vorkommen: Über die Anfälligkeit einzelner Sorten werden in der Praxis unterschiedliche Angaben gemacht. Die Sorte 'Green Carpet' gilt allgemein als anfälliger als 'Green Sheen' und die Art.

Abwehr: Verwendung von gesundem Ausgangsmaterial, trockene Kulturführung und für gute Drainage der Anzucht-töpfe sorgen.

4.35. *Parthenocissus* – Wilder Wein

Schadbild: Auf der Blattoberseite bilden sich rötlich violette Flecken mit einem Durchmesser von mehreren Zentimetern.

Schaderreger:
Falscher Mehltau (*Plasmopara viticola*)

Verbreitung: Häufiger Erreger an Zierformen des Wilden Weins während der ersten Anzuchtphase im Gewächshaus.

Abwehr: Möglichst trockene Kulturführung, bei Bedarf mehr-maliger Einsatz von Präparaten gegen Falsche Mehltaupilze.

4.36. *Pieris* – Lavendelheide

Schadbild: Auf der Blattoberseite ist eine deutliche gelbe Sprenkelung zu sehen. Blattunterseits sind die Insekten bzw. häufig auch Kottropfen zu finden. Das Insekt ähnelt in vielerlei Hinsicht der Rhododendron-Netzwanze.

Schaderreger:
Andromeda-Netzwanze (*Stephanitis takeyai*)

Verbreitung: Relativ neu auftretender Schaderreger in Deutschland mit zunehmender Bedeutung. Der Schaderreger ist erst seit 2002 in Deutschland nachgewiesen. Die Insekten und deren Larven befinden sich auf der Blattunterseite. Die Überwinterung erfolgt dort auch als Ei unter Kottropfen. Mit dem Schlupf der Larven kann ab Ende April gerechnet werden.

Vorkommen: Befallen werden alle *Pieris*-Arten und -Sorten.

Starke Sprenkelung des Blattes durch Befall mit der Andromeda-Netzwanze

Netzwanze auf der Blattunterseite

Schadbild: Einzelne Zweige einer Pflanze welken, Blätter und krautige Triebe verfärben sich braun. Teilweise sind auch ganze Pflanzen betroffen. Beim Anschnitt der Rinde an Stängelgrund und Wurzel ist diese bräunlich verfärbt.

Schaderreger:
Wurzelfäule (*Phytophthora*-Arten)

Verbreitung: Die Verbreitung des Erregers in einem Pflanzenbestand erfolgt auch über die Bewässerung und Regen. Häufig sind in direkter Nähe kultivierte Pflanzen ebenfalls betroffen. Bei Bewässerung mit Recyclingsystemen sollte daher das Rücklaufwasser gefiltert werden.

Abwehr: Sofortige Entfernung befallener Pflanzen aus dem Bestand und trockene Kulturführung.

Partielles Absterben durch Befall mit Wurzelfäule

Netzwanze auf der Blattunterseite

Plantanen-Netzwanze

Schadbild der Plantanen-Netzwanze
(Foto: H. Nennmann)

4.37. *Platanus* – Platane

Schadbild: Raupen mit verdickten Brustringen verursachen blattunterseits Faltenminen, selten Platzminen. Minengänge meist zwischen Mittelnerv und zwei Seitennerven des Blattes.

Schädling:

Platanenminiermotte (*Lithocolletis platani*)

Verbreitung: Verpuppung der Faltermotte in der Mine mit oder ohne Gespinst. Möglich sind zwei Generationen pro Jahr (Falter im Mai und August, Raupen im Juli und September), Überwinterung als Raupe oder Puppe.

Vorkommen: Neben Befall an *Platanus* sind andere Faltermotten an *Acer, Aesculus, Alnus, Betulus, Castanea, Corylus, Fagus, Populus, Pyrus, Quercus, Tilia* und *Ulmus* bekannt.

Schadbild: Blätter zeigen mattgrüne bis gelblich graue Farbe. Auf der Blattunterseite befinden sich zahlreiche schwarz gefleckte Wanzen.

Schädling:

Platanen-Netzwanze (*Corythucha ciliata*)

Verbreitung: Die Wanze überwintert als geschlechtsreifes Insekt unter der Borke und beginnt mit der Eiablage auf den Blattunterseiten etwa Mitte Mai. Es werden mehrere Generationen pro Jahr gebildet.

Vorkommen: In Deutschland noch relativ neuer Schädling, der 1983 erstmals die Alpen überschritten hat. Der Schaderreger stammt ursprünglich aus Nordamerika. Die Grenze des nördlichen Verbreitungsgebietes ist noch nicht bekannt. Es werden alle Platanen-Arten befallen.

Abwehr: Strenge Winter können zu einer gewissen Dezimierung der Schädlingspopulation führen.

Schadbild: Blätter im Frühjahr mit dunkelbraunen Nekrosen entlang der Mittelrippe, Zweige und Äste weisen rissige Rinde auf, Blätter vertrocknen und fallen ab.

Schaderreger:

Blattfleckenkrankheit (*Apiognomonia veneta*)

Verbreitung: Auf den Nekrosen produziert der Pilz seine Sporen, die mit dem Spritzwasser verbreitet werden, Überwinterung in Triebinfektionen oder auf abgeworfenen Blättern, Vorkommen sehr stark von der Frühjahrswitterung abhängig.

Vorkommen: Neben *Platanus* auch *Fagus* (*Apiognomonia errabunda*) und an *Tilia* als Blattbräune.

Abwehr: Herbstlaub entfernen, Rückschnitt befallener Zweige, Aufasten nur in Wintermonaten, Schnittstellen sofort verstreichen, Schnittgut verbrennen.

Typische Braunfärbung entlang der Blattadern

Welkesymptome im fortgeschrittenen Stadium der Blattfleckenkrankheit

Schwarze Sporenlager auf der Oberseite eines Astes (Foto: G. Hilfert)

Schadbild: An älteren Platanen im öffentlichen Grün zeigt sich eine verstärkte Totholzbildung, auch dickere Äste sind davon betroffen. Auf frisch befallenen Ästen verfärbt sich die Rinde rosa, später bilden sich darauf dunkle Sporenlager.

Schaderreger:

Massaria-Krankheit *(Splanchnonema platani)*

Verbreitung: Der Erreger ist erst seit 2003 in Süddeutschland nachgewiesen. Zwischenzeitlich sind davon Bäume in ganz Deutschland betroffen. Die Verbreitung erfolgt durch Sporenbildung auf den Ästen.

Vorkommen: Heiße und trockene Sommerperioden fördern die Ausbreitung des Befalls. Untersuchungen zur Anfälligkeit einzelner Platanen-Klone sind bisher nicht bekannt.

Abwehr: Maßnahmen zur Vitalisierung und Wasserversorgung zeigen eine gute Wirkung. Eine regelmäßige Kontrolle der Bäume ist notwendig, da die Verkehrssicherheit gefährdet sein kann. Befallene Äste sind frühzeitig und sorgfältig zu beseitigen.

Verfärbungen im Querschnitt eines Astes nach Befall mit Massaria (Foto: G. Hilfert)

Rinde verfärbt sich zunächst rosa nach Befall mit Massaria. (Foto: G. Hilfert)

Schadbild: Auf den Blättern bilden sich weiße Flecken, an den jungen Blättern sind Deformationen zu sehen. Nur bei starkem Befall kann es zu Blattfall im Spätsommer kommen.

Schaderreger:
Echter Mehltau (*Erysiphe platani*)

Verbreitung: Der Erreger stammt ursprünglich aus Nordamerika. In Deutschland wurde er 2007 im Südwesten zuerst nachgewiesen. Seither ist eine rasche Ausbreitung zu beobachten.

Vorkommen: Über die Anfälligkeit der Selektionen von *Platanus acerifolia* liegen bisher keine Erkenntnisse vor. Der Erreger tritt besonders während der baumschulischen Produktion auf.

Abwehr: Eine ausgewogene Pflanzenernährung und eine mäßige Verwendung von Stickstoff wirken dem Erreger entgegen.

Weiße Flecken auf den Blättern durch Befall mit Echtem Mehltau (Foto: Pflanzenschutzamt Berlin)

Blattdeformationen durch Befall mit Echtem Mehltau (Foto: Pflanzenschutzamt Berlin)

4.38. *Populus* – Pappel

Schadbild: Auf den Blättern bilden sich zunächst graue, später braune Flecken, anschließend Blattfall. Blätter, die sich im inneren und unteren Bereich der Pflanze befinden, werden zuerst befallen.

Schaderreger:
Massonina-Blattflecken (*Drepanopeziza populorum* u. a.)

Hinweis: Weitere pilzliche Blattfleckenerreger können ein ähnliches Schadbild verursachen.

Verbreitung: Die Infektion erfolgt im Frühjahr von den alten Blättern ausgehend.

Abwehr: Verwendung resistenter Sorten.

Dunkle Blattflecken auf Blättern von *Populus* durch Befall mit der Massonina-Blattfleckenkrankheit (Foto: H. Nennmann)

Gelbliche Sporenlager auf der Blattunterseite der Balsampappel

Schadbild: Auf der Blattunterseite bilden sich im Lauf des Sommers orangerote Sporenlager, im Spätjahr dunkelbraune bis schwärzliche Pusteln.

Schaderreger:

Rost (*Melampsora sp.*)

Verbreitung: Je nach Erreger und Pappelart sind die Rostpilze wirtswechselnd mit *Larix, Pinus* oder dem Bingelkraut (*Mercurialis perennis*).

Vorkommen: Je nach Pappelart befallen unterschiedliche Rostkrankheiten die Pflanzen. In der Baumschule sind Jungpflanzenbestände besonders gefährdet, da bei frühem Befall im Jahr auch Spätschäden am Holz möglich sind.

Abwehr: Windgeschützte Standorte meiden.

4.39. *Prunus* – Kirsche, Pflaume, Zwetsche, Pfirsich, Mandel

Schadbild: Auf den Blättern befinden sich kleine gelbliche Punkte bis Flecken, die vom Erscheinungsbild einer Virusinfektion ähneln. Vorwiegend Schäden im Spitzenbereich, in Form von verkürzten Internodien (Wuchsdepressionen), Verdrehungen und Verkrüppelungen des Blattes bei starkem Befall.

Schädling:

Sternfleckengallmilbe (*Aculus fockeui*)

Verbreitung: Die Überwinterung erfolgt in den Knospen. Im Frühsommer dann die Besiedelung der neuen Blätter. Aufgrund der geringen Größe ist der Schädling nur mithilfe einer guten Lupe sichtbar.

Vorkommen: Vorwiegend an Pflaumen, häufig in der Baumschule. Andere frei lebende Gallmilben verursachen an *Malus* und weiteren Obstarten ebenfalls starke Triebstauchungen.

Gelbe Flecken auf dem Blatt einer Pflaume durch Befall mit Gallmilben

Schadbild: Blätter vor allem an Triebspitzen stark gekräuselt und nach unten eingerollt, blattunterseits schwarze Blattläuse, Triebstauchungen.

Schädling:

Schwarze Kirschläuse (*Myzus cerasi* und *M. pruniavium*)

Verbreitung: Im Frühjahr saugen ungeflügelte Läuse. Die geflügelten Läuse fliegen im Sommer auf den Nebenwirt (Labkraut, Ehrenpreis), im Spätsommer/Herbst kehren sie zur Kirsche zurück.

Vorkommen: Befällt besonders Jungbäume von Süß- und Sauerkirschen.

Abwehr: Herausschneiden von Befallsherden.

Dicht gedrängte Schwarze Kirschläuse auf Blattunterseite

Schadbild: Meist von der Mittelrippe der Blätter ausgehend bildet sich im Blatt ein bis etwa 10 cm langer, gewundener Gang. Oft befinden sich mehrere Minen in einem Blatt.

Schädling:

Schlangenminiermotte (*Lyonetia clerkella*)

Verbreitung: Der Schädling bildet mehrere Generationen pro Jahr, wobei besonders im Spätsommer/Herbst Schäden an *P. laurocerasus* entstehen.

Vorkommen: Problematisch in der Regel nur an immergrünen *Prunus*-Arten, da der Zierwert hier dauerhaft eingeschränkt ist.

Minengänge an Blättern von *Prunus laurocerasus* durch Schlangenminiermotte

Blüten an *Prunus triloba* verbleiben an der Pflanze nach Befall

Typische Welkesymptome an Sauerkirsche

Schadbild: Blütenteile welken, fallen aber nicht ab, darüberliegende Blätter und Triebspitzen sterben ab.

Schaderreger:
Spitzendürre *(Monilia laxa)*

Verbreitung: Pilzinfektion erfolgt über Blütenorgane durch Wind und Insekten.

Vorkommen: Witterungsabhängige Krankheit, vor allem in kalten und nassen Frühjahren an Sauerkirschen (Sorte: 'Schattenmorelle'), Mandelbäumchen, Aprikosen.

Abwehr: Infizierte Triebe nach der Blüte bis ins gesunde Holz abschneiden. Verwendung resistenter Sorten, z. B. 'Karneol', 'Korund', 'Morion' u. a. bei Sauerkirschen. Bei Zier-*Prunus* sind zurzeit keine resistenten Sorten bekannt.

Weinrote Punkte auf einem Kirschenblatt nach Befall mit der Sprühfleckenkrankheit

Schadbild: An den unteren Blättern zunächst rötlich violette Flecken, das gesamte Blatt vergilbt später, vorzeitiger Blattfall.

Schaderreger:
Sprühfleckenkrankheit *(Blumeriella jaapii)*

Verbreitung: Überwinterung vor allem an abgefallenen Blättern.

Vorkommen: Besonders an *P. avium* in der Baumschule, aber auch an Süß- und Sauerkirschen, starke Ausbreitung bei feuchter Witterung.

Abwehr: Engen Stand in der Baumschule meiden.

Schadbild: Pfirsichblätter zeigen im Frühjahr blasenartige Verformungen mit gelblicher, dann roter Färbung, erkrankte Blätter vertrocknen und fallen im Frühsommer ab. Schwächung des Baumes.

Schaderreger:
Kräuselkrankheit des Pfirsichs *(Taphrina deformans)*

Verbreitung: Infektion der Blätter ausgehend von den Knospen, in denen der Pilz überwintert.

Vorkommen: Starker Befall bei gelbfleischigen Sorten wie: 'Dixired', 'Hale Berta Giant', 'Marygold', 'Red Haven', 'South Haven' und 'Red Wing', weniger anfällig 'Amsden', 'Mayflower' und 'Roter Ellerstädter'. Mandeln und Aprikosen können auch befallen werden.

Abwehr: Verwendung weniger anfälliger Sorten wie z. B. 'Kernechter vom Vorgebirge' und 'Rekord aus Alfter'.

Blattverfärbungen und Deformationen an Pfirsich durch Befall mit der Kräuselkrankheit

Schadbild: Nach dem Austrieb der Blätter entstehen rötlich braune Flecken, aus denen später das tote Gewebe herausfällt, durch die Vielzahl der Löcher sogenannter „Schrotschuss-Effekt", vorzeitiger Blattfall.

Schaderreger:
Schrotschusskrankheit *(Stigmina carpophila)*

Verbreitung: Schon im zeitigen Frühjahr werden Blätter durch Sporen infiziert.

Vorkommen: Neben Süß- und Sauerkirschen an Kirschlorbeer (*Prunus laurocerasus* 'Otto Luyken', 'Schipkaensis Macrophylla', 'Zabeliana') sowie Zwetschen, Mirabellen und Pfirsichen. Fast ausschließlich bei Containerpflanzen anzutreffen.

Abwehr: Verwendung weniger anfälliger Sorten.

Löcher und braune Punkte auf Pflaumenblatt

Blattsymptome an Kirschlorbeerblatt

Abgestorbene Blattränder von Kirschlorbeer durch überhöhte Salzgehalte im
Boden/Substrat

Schadbild: Die Blattränder im Spitzenbereich von *Prunus laurocerasus* werden braun und anschließend von der Pflanze abgestoßen.

Schaderreger:

Salzschaden insbesondere durch Natrium.

Vorkommen: Die Anfälligkeit der einzelnen Sorten ist sehr unterschiedlich, häufig an *Prunus laurocerasus* 'Otto Luyken' während sommerlicher Hitzeperioden und hohem Bewässerungsbedarf der Kulturen.

Abwehr: Gießwasseranalyse auf Natrium. Kirschlorbeer kann als hochgradig sensibel gegenüber diesem Element eingestuft werden. Verwendung weniger anfälliger Sorten.

Löcher mit gelbem Rand nach Befall mit
Pseudomonas

Schadbild: Auf den Blättern bilden sich zuerst dunkle Flecken, die im Gegensatz zur pilzlichen Schrotschusskrankheit aber immer mit einem gelben Rand umgeben sind. Das innere verbräunte Gewebe löst sich ebenfalls heraus, sodass die Symptome der pilzlichen und der bakteriellen Schrotschusskrankheit sich sehr ähneln.

Schaderreger:

Bakterienkrankheit (*Pseudomonas sp.*)

Verbreitung: Schrotschuss-Symptome sind vorwiegend an Kirschlorbeer zu finden. An anderen *Prunus*-Arten verursacht das Bakterium auch Absterbeerscheinungen.

Vorkommen: Vorwiegend an Sorten von *Prunus laurocerasus*, aber auch an vielen anderen *Prunus*-Arten zu finden.

Schadbild: Auf den Blättern bilden sich weinrote Flecken, z. T. mit einem Durchmesser von 2–3 cm. Die Sporenlager des Erregers sind selten zu finden.

Schaderreger:
Falscher Mehltau (*Pseudoperonospora sparsa*)

Verbreitung: Ein Befall findet sich vorrangig in Kultureinrichtungen mit hoher Luftfeuchtigkeit. Bei milder Witterung ist die Infektion in Folienhäusern bis zum Spätherbst möglich. Im Freilandanbau und am Endstandort ist der Erreger selten zu finden.

Abwehr: Möglichst trockene Kulturführung, im Bedarfsfall Behandlungen mit Präparaten gegen Falsche Mehltaupilze.

Große weinrote Flecken auf den Blättern von Kirschlorbeer

Schadbild: Auf den jungen Blättern und Trieben bildet sich ein weißer mehliger Belag. Blätter zeigen Deformationen.

Schaderreger:
Echter Mehltau (*Podosphaera tridactyla*)

Verbreitung: Mit dem Import von Jungpflanzen aus Mitteleuropa hat sich der Erreger seit einigen Jahren auch in Nordeuropa etabliert.

Abwehr: Behandlungen sind nur während der gärtnerischen Produktion sinnvoll mit Präparaten gegen Echte Mehltaupilze.

Mehliger Belag und verkrüppelte Blätter an Kirschlorbeer

Unregelmäßig geformte Punkte auf Blättern von *Pyracantha* durch Befall mit Schorf

Braune Flecken auf der Blattoberseite eines Blattes durch Befall mit Birnengitterrost

4.40. *Pyracantha* – Feuerdorn

Schadbild: Blätter, junge Triebe und Früchte zeigen olivgrüne bis schwarze Flecken, bei starkem Befall Verlust der Blätter.

Schaderreger:
Schorf (*Spilocea pyracanthae*)

Verbreitung: Die Ausbreitung des Erregers ist sehr von der Lufttemperatur und der Dauer der Blattnässe abhängig.

Vorkommen: Die Anfälligkeit der einzelnen Sorten ist sehr unterschiedlich, so gelten z. B. die Sorten 'Golden Charmer', 'Orange Glow', 'Red Column', und 'Soleil d'Or' als gering anfällig. Mit den neueren schorf- und feuerbrandresistenten Sorten wie z. B. 'Dart's Red', 'Saphyr Orange' und 'Saphyr Rouge' sind noch wenige Erfahrungen hinsichtlich der Frosthärte bekannt.

Abwehr: In der Baumschulproduktion möglichst Überkronenberegnung vermeiden.

Weitere häufig vorkommende **Schaderreger**:
Bleiglanz (*Chondrostereum purpureum*), siehe Kapitel 2.

4.41. *Pyrus* – Birne

Schadbild: Auf den Blattoberseiten bilden sich im Frühsommer gelbliche bis rotbraune runde Flecken. Auf der Unterseite zeigen sich deutlich sichtbare Höcker mit zipfeligen Ausstülpungen.

Schaderreger:
Birnengitterrost (*Gymnosporangium sabinae*)

Verbreitung: Mit *Juniperus*-Arten (*J. sabinae, J. chinensis, J. virginiana*) wirtswechselnder Rostpilz, daher auch als Wacholderrost bezeichnet.

Vorkommen: Frucht- und Zierformen von *Pyrus*.

Abwehr: Räumliche Trennung der Wirtspflanzen bringt in der Regel nur Teilerfolge, Anfälligkeit der Sorten ist unterschiedlich.

Schadbild: Auf den Stämmen sind sogenannte „Zickzack-Gänge" zu sehen. In den Gängen sind weiße, beinlose Larven zu finden.

Schaderreger:

Birnen-Prachtkäfer (*Agrilus sinuatus*)

Verbreitung: Die Larve des Käfers überwintert zweimal im Stamm, bevor sie dann als Käfer den Baum verlässt und mit der Eiablage in anderen Stämmen beginnt.

Vorkommen: Befallen werden neben *Pyrus* auch *Crataegus, Cydonia* und *Mespilus*.

Abwehr: Die Bekämpfung gestaltet sich schwierig, daher sollte eine Fachberatung kontaktiert werden.

Weitere häufig vorkommende **Schaderreger**:

An *Pyrus* ist eine Vielzahl von Schaderregern zu finden. Daher wird hier auf die entsprechende weiterführende Fachliteratur verwiesen.

Typische „Zickzack-Gänge" des Birnen-Prachtkäfers am Stamm

4.42. *Quercus* – Eiche

Schadbild: An den Stämmen und dickeren Ästen frisch gepflanzter oder anderweitig geschwächter Bäume befinden sich kleine Löcher. Beim Aufschneiden der Stellen findet man einige Zentimeter lange Gänge im Splintholz. Teilweise sind sie auch schwärzlich gefärbt.

Schädling:

Eichensplintkäfer (*Scolytus intricatus*)

Hinweise: Ein ähnliches Schadbild wird teilweise auch durch den Ungleichen Eichensplintkäfer (*Xyleborus dispar*) verursacht, dessen Gänge allerdings einige cm tief ins Kernholz führen.

Verbreitung: Die Eiablage erfolgt je nach Witterung im Mai. In vielen Jahren muss im August mit einer zweiten Generation gerechnet werden.

Vorkommen: An Stiel- (*Q. robur*) und Traubeneiche (*Q. petraea*), weniger an *Q. rubra*. Andere Arten befallen auch *Acer* (*Scolytus koenigi*), *Alnus* (*Dryocoetes alni*), *Carpinus* (*Scolytus carpini*) und *Tilia* (*Cryphalops tiliae*).

Freigeschnittenes Bohrloch eines Splintkäfers am Stamm

Abwehr: Fast ausschließlich werden Bäume im Pflanzjahr oder Folgejahr oder durch andere Faktoren geschwächte Bäume befallen. Bei geringem Befall können betroffene Stellen ausgeschnitten werden. In einzelnen Fällen hat sich die prophylaktische Verwendung von Lehmbrei bewährt.
Ein Befall mit Splintkäfern führt häufig zu Reklamationen seitens der Abnehmer, da diese in der Regel die Auffassung vertreten, dass der Befall bereits in der Baumschule stattgefunden hat. Aufgrund der Lebensweise der Käfer kann das ausgeschlossen werden.

Schaden durch Eichenknospengallmücke an der Terminalknospe

Schadbild: Absterben junger Austriebe ab einer Länge von 0,5 cm, führt häufig zu starker Zwieselbildung.

Schädling:

Eichenknospengallmücke (*Arnoldiana quercus*)

Verbreitung: 2–3 Generationen pro Jahr. Die Larven verpuppen sich im Boden und überwintern auch dort. Die Mücke legt ihre Eier schon etwa Ende April vor dem ersten Austrieb an die Knospen der Pflanze. Kleine, unscheinbare Larven saugen an der Knospe.

Vorkommen: An Stiel- (*Q. robur*) und Traubeneiche (*Q. petraea*), weniger an *Q. rubra*. Aufgrund der geringen Größe der Larven wird das Schadbild häufig falsch interpretiert und mit Befall durch *Alternaria* und *Botrytis* verwechselt.

Abwehr: Vermeiden windgeschützter Standorte.

Gabelung des Leittriebes als Folge eines Befalls mit Eichenknospengallmücken

Schadbild: An Sämlingen, in der Regel ab dem 2. Kulturjahr, werden zunächst bräunliche Verfärbungen der Rinde sichtbar, und in deren Mitte befindet sich oft ein abgestorbener Kurztrieb.

Schaderreger:
Eichenrindenbrand (*Fusicoccum quercus*)

Verbreitung: Der Erreger überwintert am abgestorbenen dreijährigen Holz, ist vor allem in dichten Beständen zu finden.

Abwehr: Dichte Bestände vermeiden, mäßige Düngung.

Weitere häufig vorkommende **Schaderreger**: siehe Kapitel 2.
Eichenmehltau (*Microsphaera alphitoides*)

Rindennekrosen am Holz von *Quercus* durch Befall mit dem Eichenrindenbrand

Schadbild: An Stämmen von jungen Eichen sind blasige Aufwölbungen zu finden. Nach einem Anschnitt der Ausstülpungen mit dem Messer tritt meistens Flüssigkeit aus. Bei genauer Betrachtung sind rotbraune Läuse auf dem Stamm zu sehen.

Schaderreger:
Eichen-Stammlaus (*Moritziella corticalis*)

Verbreitung: Das Schadbild ist in Produktionsbetrieben zwar bekannt, es stehen aber nur sehr geringe Informationen über die Lebensweise des Schaderregers zur Verfügung.

Vorkommen: Gefährdet sind Eichen besonders in der frühen Entwicklungsphase bis zum Alter von 10–12 Jahren.

Blasige Aufwölbungen am Stamm von *Quercus*

Rotbraune Läuse am Stamm einer Eiche

Gelbbraune Sporenlager auf der Blattunterseite vom Faulbaum

4.43. *Rhamnus* – Kreuzdorn

Schadbild: Auf Blattunterseiten, Blattstielen und krautigen Trieben bilden sich größere gelbbraune Sporenlager mit einem Durchmesser bis 0,5 cm.

Schaderreger:
Kronenrost (*Puccinia coronata var. avenae*)

Verbreitung: Der Erreger gehört zu den wirtswechselnden Rostpilzen mit vollständigem Lebenszyklus. Im Frühjahr entwickelt sich der Rost an *Rhamnus*-Arten und wechselt im Sommer zum Hafer.

Vorkommen: In Nordeuropa am Kreuzdorn (*R. catharticus*) und am Faulbaum (*R. frangula*) häufiger zu finden. Der Rostpilz hat in den vergangenen Jahren an Verbreitung zugenommen.

Abwehr: Im Bedarfsfall können Präparate gegen Rostpilze eingesetzt werden, da die räumliche Trennung zwischen den Wirtspflanzen nicht praktikabel ist.

Feine Sprenkelung auf der Blattoberseite als Folge der Saugtätigkeit der Hautwanze

4.44. *Rhododendron* – Alpenrose

Schadbild: Auf der Blattoberseite hellgelbe Sprenkel, blattunterseits Wanzen (ca. 4 mm) mit glasartigen, genetzten Deckflügeln und ungeflügelten dunkelbraunen Larven. Blattränder rollen nach unten ein, Blätter vertrocknen und werden bald abgeworfen.

Schädling:
Rhododendron-Hautwanze (*Stephanitis oberti*),
Rhododendron-Netzwanze (*St. rhododendri*)

Verbreitung: Von August bis Oktober Eiablage an der Blattunterseite in der Nähe der Mittelrippe, Überwinterung als Ei, Schlupf der Larven ab Ende Mai.

Vorkommen: An warmen und sonnigen Standorten saugen Netzwanzen und ihre Larven an Hybriden von *R. catawbiense*, *R. ponticum*, *R. williamsianum* und *R. wardii*.

Schadbild: Blätter gelbfleckig, Pflanzen kümmern, vergilben, auf der Blattunterseite 1–2 mm große geflügelte, mit Wachsstaub bepuderte Tiere, die bei leichter Berührung der Pflanzen davonfliegen, sowie schildlausähnliche Larven, klebriger Honigtau und schwarze Rußtaupilze.

Schädling:
Mottenschildlaus, Weiße Fliege
(*Trialeurodes vaporariorum*)

Verbreitung: Eier werden auf der Blattunterseite abgelegt, Larvenentwicklung dauert etwa drei Wochen, mehrere Generationen pro Jahr.

Vorkommen: Besonders an *Rhododendron catawbiense* und *R. ponticum*-Hybriden in heißen Sommern.

Weiße Fliegen auf den Blättern von *Rhododendron* (Foto: H. Hachmann)

Schadbild: Jungpflanzen bekommen fahlgrüne Blätter, welken und sterben dann ab, befallene Pflanzen zeigen braune Färbung unter der Rinde an der Stammbasis.

Schaderreger:
Wurzel- und Stammfäule (*Phytophthora cinnamomi*)

Verbreitung: Der Pilz infiziert vom Boden aus über die Wurzel, das Pilzgeflecht (Myzel) wächst in den basalen Teil der Pflanze hinauf und zerstört das Rindenparenchym.

Abwehr: Bodennässe, kühle Temperaturen und Wurzelverletzungen fördern den Befall, erkrankte Pflanzen entfernen.

Braune Verfärbung der Rinde im Wurzelhalsbereich durch Befall mit *Phytophthora cinnamomi* (Foto: H. Hachmann)

Deutliche Verbräunung der Rinde nach Befall mit *Phytophthora*, darunter gesunde grünliche Rinde

Typische Welkeerscheinung an jungem Trieb durch Befall mit Trieb-*Phytophthora*

Schadbild: Einzelne Triebe von Pflanzen welken plötzlich während der Vegetationsperiode. An den Trieben befinden sich zunächst Verbräunungen bis ins Holzgewebe, die später stängelumfassend sind.

Schaderreger:

Phytophthora-Triebfäule

(*Phytophthora cactorum, P. citricola, P. ramorum*)

Verbreitung: Die Sporen des Erregers sind im Wasser frei beweglich. Neuere Erkenntnisse zeigen, dass sie bei vielen Containerbaumschulen in Vorratsteichen zu finden sind und somit die Gefahr besteht, dass sie über die Beregnung im Bestand verteilt werden.

Vorkommen: Während der Sommermonate sind viele Kultursorten in Baumschulen gefährdet.

Abwehr: Rückschnitt ins gesunde Holz, Überkronenberegnung vermeiden.

Hinweis: Seit etwa zehn Jahren hat sich in Europa eine neue *Phytophthora*-Art, *P. ramorum* etabliert. Befallen werden neben den für *Phytophthora* typischen Kulturen wie z. B. *Pieris* und *Rhododendron* u. a. auch *Viburnum fragans* und *V. bodnantense*. Da der Kreis der möglichen Wirtspflanzen für diesen Erreger relativ umfangreich ist, kann er hier nicht aufgeführt werden.
Das Schadbild von *P. ramorum* entspricht im Wesentlichen anderer *Phytopthora*-Arten (*P. cactorum, P. citricola* usw.) und kann somit leicht verwechselt werden. Im Zweifelsfall ist eine genaue Bestimmung der Art unbedingt erforderlich.
Zur Verhinderung der weiteren Ausbreitung hat die Europäische Kommission bereits im Jahr 2002 einen Pflanzenpass u. a. für *Camellia, Pieris, Rhododendron* und *Viburnum* eingeführt. Alle Produzenten der genannten Pflanzengattungen sind verpflichtet, sich einer Registrierung zu unterziehen. Bestände der genannten Gattungen werden im Lauf der Vegetation mehrfach einer Kontrolle durch den amtlichen Pflanzenschutzdienst der Länder unterzogen.

Schadbild: Blütenknospen der Pflanzen verbräunen während der Herbst- und Wintermonate. Auf den abgestorbenen Knospen befinden sich schwärzliche Pilzsporen. Verwechslung mit Frostschaden (keine Sporenträger sichtbar) möglich.

Schaderreger:

Knospensterben (*Pycnostysanus azaleae*)

Verbreitung: Der Erreger tritt nur in Kombination mit Zikaden (*Graphocephala fennahi*) auf, die ihre Eier während der Spätsommermonate an die Knospenbasis ablegen und so die Verletzungen schaffen, in die der pilzliche Erreger eindringen kann.

Abwehr: Ausbrechen befallener Knospen, windoffene Lagen bevorzugen.

Rhododendronzikade als Überträger des Knospensterbens (stark vergrößert)

Abgestorbene Blütenknospe von *Rhododendron* durch Befall mit dem Erreger des Knospensterbens

Schadbild: Grüne bis rötliche Tumore und Gallenbildung an Trieben und Blättern.

Schaderreger:

Ohrläppchenkrankheit (*Exobasidium rhododendri*)

Vorkommen: Anfälligkeit vieler Kulturformen gegeben.

Abwehr: Rechtzeitig befallene Pflanzenteile abschneiden und entfernen.

Gallenbildung an den Blättern von Azaleen durch Befall mit der Ohrläppchenkrankheit (Foto: H. Hachmann)

Typischer „Buchtenfraß" am Blatt eines
Rhododendron

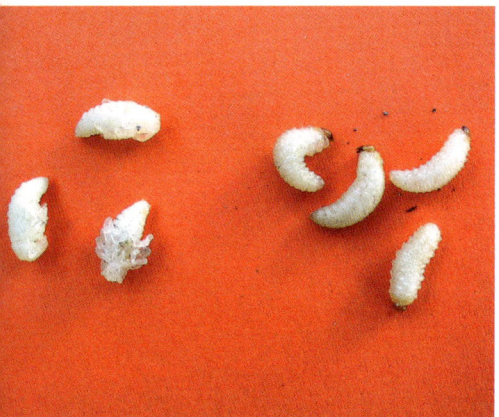

Puppen und Larven des Dickmaulrüsslers

Dickmaulrüssler (Foto: K. Schrameyer)

Schadbild: Pflanzen zeigen kümmerlichen Wuchs. Bei genauer Untersuchung des Wurzelballens sind darin weiße, beinlose Larven mit brauner Kopfkapsel zu finden.
Die ausgewachsenen Käfer verursachen einen typischen „Buchtenfraß" an den Blatträndern.

Schaderreger:

Dickmaulrüssler (*Otiorhynchus sulcatus*)

Verbreitung: Im Freiland sind die Larven vom Sommer bis ins nächste Frühjahr zu finden. Im Frühsommer des Folgejahres entwickeln sich daraus zunächst Puppen und anschließend die ausgewachsenen Käfer, die nach einem Reifungsfraß dann wieder mit der Eiablage am Wurzelhals der Pflanzen beginnen.
Durch die Kombination der Kulturverfahren im Gewächshaus und Freiland ist der zuvor beschriebene Zyklus nicht mehr gültig. In vielen Gärtnereien finden sich daher alle Entwicklungsstadien parallel nebeneinander.

Vorkommen: Der Wirtspflanzenkreis des Insekts ist sehr groß. Neben *Rhododendron* werden häufig *Euonymus* und *Taxus* befallen.
Pflanzen mit gelben Wurzeln wie z. B. *Berberis* werden laut Beobachtungen aus der Praxis nicht befallen, siehe auch Kapitel 2.

Abwehr: Gegen die Larven des Dickmaulrüsslers hat sich die Verwendung von Nematoden der Gattungen *Heterorhabditis* und *Steinernema* bewährt. Diese sind im Fachhandel erhältlich.

Schadbild: Auf der Blattoberseite befinden sich kleine hellbraune Punkte, die auf einen Blattfleckenerreger deuten. Auf der Unterseite der Blätter sind die orangen Sporenlager eines Rostpilzes deutlich zu sehen. Die Anordnung der Sporenlager kann einzeln oder gebündelt vorliegen.

Schaderreger:

Rost (*Chrysomyxa rhododendri, C. ledi*)

Verbreitung: Der Erreger ist bisher nur in Neuseeland, Australien und den USA beschrieben. Wahrscheinlich nutzt der Rostpilz die Fichte als weitere Wirtspflanze.

Vorkommen: Informationen über Rostpilze an kultivierten Arten und Sorten liegen bisher noch nicht vor. Die Krankheit hat zunehmende Bedeutung in den Produktionsbetrieben.

Abwehr: Auswahl von Sorten mit geringerer Anfälligkeit, im Bedarfsfall Anwendung von Präparaten gegen Rostpilze.

Weitere häufig vorkommende **Schaderreger**:

Wurzelkropf (*Rhizobium radiobacter*)
Echter Mehltau (*Microsphaera azaleae*)

4.45. *Ribes* – Johannisbeere, Stachelbeere

Schadbild: Winterknospen der Schwarzen Johannisbeere sind ungewöhnlich verdickt und treiben im Frühjahr nicht aus.

Schädling:

Johannisbeergallmilbe (*Eriophyes ribis*)

Verbreitung: Die Überwinterung des Schädlings erfolgt innerhalb der Knospen, wo auch eine starke Vermehrung erfolgt. Im Frühjahr verlassen die Gallmilben die Knospen und wandern triebaufwärts zu den dort neu gebildeten Knospen.

Vorkommen: Vorwiegend an Schwarzen Johannisbeeren.

Abwehr: Verwendung von gesundem Vermehrungsmaterial, Rückschnitt und Vernichtung befallener Pflanzenteile.

Deutlich sichtbare Sporenlager auf der Blattunterseite eines *Rhododendron*-Blattes

Helle und dunkle Flecken auf der Blattoberseite von *Rhododendron* durch Befall mit Rostpilz

Verdickte Knospen an Johannisbeeren durch Befall mit Gallmilben

Rötliche Blattverfärbung an Johannisbeeren durch Befall mit der Johannisbeerblasenlaus

Wachsausscheidungen von Wurzelläusen an *Ribes*

Blattdeformationen auf der Ulme durch Befall mit *Eriosoma ulmi*

Schadbild: Im Frühjahr sind Teile der Blattspreite nach oben blasig aufgetrieben, Aufwölbungen nehmen rötliche Färbung an, unterseits 2–3 mm große gelblich grüne Blattläuse.

Schädling:

Johannisbeerblasenlaus (*Cryptomyzus ribis*)

Verbreitung: Im Juni wechselt die Laus zum Nebenwirt (Ziest und Taubnessel), um im Herbst an die Johannisbeere zurückzukehren und an der Rinde Wintereier abzulegen.

Vorkommen: An Roter und Weißer Johannisbeere sowie an der Stachelbeere.

Schadbild: An den Wurzeln der Pflanzen befinden sich Läuse mit starken weißlichen bis bläulichen Wachsausscheidungen.

Schädling:

Wurzellaus (*Eriosoma ulmi*)

Verbreitung: Die Läuse sind wirtswechselnd von *Ulmus* zu *Ribes*. An den Blättern von *Ulmus* verursachen sie starke Blattgallen, bevor sie etwa im Juni zu den Wurzeln von *Ribes* wechseln. Im Herbst des gleichen Jahres legen dann geflügelte Stadien wieder Eier an *Ulmus* ab.

Vorkommen: Besonders auffällig bei Containerpflanzen.

Abwehr: Schädigung der Pflanzen meistens gering, eher ein optisches Problem bei der Vermarktung.

Schadbild: Blätter und junge Triebe sind im zeitigen Frühjahr bereits mit weißem, pudrigem, später bräunlichem Belag überzogen. Befallene Endknospen kümmern. Früchte werden ebenfalls befallen.

Schaderreger:

Amerikanischer Stachelbeermehltau

(*Sphaerotheca mors-uvae*)

Verbreitung: Infektion während der gesamten Vegetationsperiode durch zahlreiche Sporen. Pilz überwintert an den Triebspitzen.

Europäischer Stachelbeermehltau

(*Microsphaera grossulariae*)

Als wesentlicher Unterschied zum zuvor genannten Amerikanischen Stachelbeermehltau erfolgt hier die Infektion über die alten Blätter, Früchte werden nicht befallen. Das Myzel bleibt weißlich.

Vorkommen: Stachelbeeren, Schwarze Johannisbeeren und Wildarten.

Abwehr: Verwendung resistenter Sorten wie z. B. 'Hinnonmäki', 'Invicta', 'Redeva', 'Reflamba', 'Rexrod', 'Rokula', 'Rolonda' u. a. bei Stachelbeeren und 'Ben Sarek', 'Hedda', 'Titania' u. a. bei Schwarzen Johannisbeeren.

Schadbild: Im Hochsommer auf Blattunterseite rostfarben, staubige Pusteln, vorzeitiger Blattfall.

Schaderreger:

Säulenrost der Schwarzen Johannisbeere

(*Cronartium ribicola*)

Verbreitung: Infektion auf *Ribes* ab Frühsommer, im Herbst wirtswechselnd zur Weymouthkiefer.

Vorkommen: Unterlage *Ribes aureum* kann auch Wirtspflanze des Pilzes sein, Rote und Weiße Johannisbeere sind resistent dagegen.

Abwehr: Einzige rostresistente Schwarze Johannisbeere ist zurzeit die Sorte 'Titania'. Räumliche Trennung der Wirtspflanzen.

Echte Mehltaupilze an den Triebspitzen der Stachelbeere

Amerikanischer Stachelbeermehltau an den Früchten

Sporenlager des Säulenrosts auf der Blattunterseite von *Ribes*

Rindenverfärbungen im Wurzelhalsbereich von *Ribes* nach Befall mit *Phytophthora*

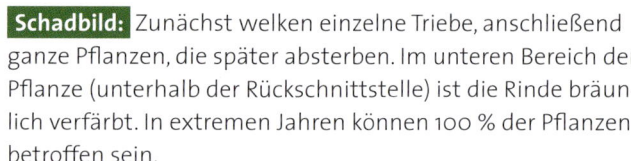

Schadbild: Zunächst welken einzelne Triebe, anschließend ganze Pflanzen, die später absterben. Im unteren Bereich der Pflanze (unterhalb der Rückschnittstelle) ist die Rinde bräunlich verfärbt. In extremen Jahren können 100 % der Pflanzen betroffen sein.

Schaderreger:
Triebsterben (*Phytophthora sp.*)

Hinweis: In einzelnen Fällen konnten *Verticillium sp.* und *Nectria sp.* ein vergleichbares Schadbild verursachen.

Untypische Blattdeformation an Schwarzen Johannisbeeren durch Befall mit Falschem Mehltau

Schadbild: Auf den Blättern von Schwarzen Johannisbeeren bilden sich kleine braunrote Punkte, die Blätter sind deformiert und nachfolgend setzt Blattfall ein. In Ertragsanlagen fallen auch die Blütenstände vorzeitig ab (verrieseln).

Schaderreger:
Falscher Mehltau (*Plasmopara ribicola*)

Verbreitung: Feuchte Witterung und dichte Pflanzenbestände fördern die Entwicklung des Pilzes.

Vorkommen: Insbesondere an Schwarzen Johannisbeeren ist der Erreger zu finden. Die Sorte 'Silvergieters Schwarze' gilt als anfällig. Rote Johannisbeeren werden i. d. R. nicht befallen.

Abwehr: Abgefallenes Laub entfernen und für eine gute Durchlüftung der Bestände sorgen.

4.46. *Rosa* – Rosen

Schadbild: Grüne oder rotbraune Blattläuse besiedeln neben jungen Blättern und Blütenknospen oft auch Triebspitzen, durch Saugschäden missgestaltete Triebe, bei Lausbefall Honigtaubildung und anschließende Besiedlung mit Schwärzepilzen (Rußtau).

Schädling:

Rosenblattlaus (*Macrosiphum rosae*)

Verbreitung: Starke Vermehrung mit kurzer Generationsfolge.

Ungewöhnlicher und starker Befall an einer Rosenblüte durch Läuse

Schadbild: Ober- oder Unterseite der Rosenblätter werden durch Afterraupen platzweise befressen (Fensterfraß) oder Blattfraß bis zu den Hauptadern (Skelettierfraß).

Schädling:

Rosenblattwespen (*Caliroa sp.* u. a.)

Verbreitung: Rosenblattwespen sind glänzend schwarz gefärbt und legen ihre Eier an Blattunterseiten ab.

Larven der Rosenblattwespe

Schadbild: Auf der Blattoberseite weiße bis blassgrüne Sprenkelung zunächst entlang der Blattadern. Blattunterseits saugen blassgelbe Zikaden von ca. 3 mm Länge und ihre flügellosen cremig weißen Larven, bei Berührung der Sträucher springen die Zikaden auf und fliegen davon.

Schädling:

Rosenzikaden (*Typhlocyba rosae*)

Verbreitung: Zwei Generationen im Jahr. In die Rinde der jungen Zweige werden die Eier zur Überwinterung abgelegt, Junglarven im Frühjahr.

Vorkommen: Befall besonders an sehr warmen Standorten, an Kletterrosen wegen des geringen Rückschnitts stärkeres Auftreten.

Befall auf der Blattunterseite eines Rosenblattes durch Zikaden

Larve der Schaumzikade an Rosenblättern
(Foto: H. Nennmann)

Schadbild: Auf Blättern und an Trieben befinden sich im Frühjahr grünlich gelbe bis grünlich weiße Larven, die zu Verkrüppelungen an den befallenen Pflanzenteilen führen. Besonders auffällig ist der die Larve umgebende Schaum.

Schädling:

Schaumzikade (*Philaenus spumarius*)

Verbreitung: Die Überwinterung erfolgt als Ei am Holz der Pflanze.

Vorkommen: Neben Rosen werden u. a. auch *Salix* häufiger befallen.

Abwehr: Nur bei starkem Auftreten ist eine Bekämpfung zweckmäßig.

Dunkle Flecken auf den Blättern von *Rosa*

Schadbild: Ab Sommer auf der Blattoberseite schwarzbraune, runde und gezackte Flecken mit vergilbendem Rand. Bodennahe Blätter werden zuerst befallen, bei starker Erkrankung vorzeitiger Blattabfall.

Schaderreger:

Sternrußtau (*Diplocarpon rosae*)

Verbreitung: Ausbreitung wird durch regnerische, kühle Witterung begünstigt. Pilz überwintert auf abgefallenen Blättern.

Abwehr: Weniger anfällige Rosensorten pflanzen.

Rostbraune Sporenlager des Rosenrostes auf der Blattunterseite

Schadbild: Im Sommer auf den Blättern gelbliche Flecken, an der Unterseite gelbe stäubende Pusteln, diese werden im Herbst durch schwarze abgelöst, vorzeitiger Blattfall.

Schaderreger:

Rosenrost (*Phragmidium mucronatum*)

Verbreitung: Der Pilz überwintert auf dem abgefallenen Laub und infiziert von dort aus im Frühjahr den Neuaustrieb und im Sommer die Blätter.

Abwehr: Verwendung resistenter Sorten.

Schadbild: Auf den Blättern bilden sich unregelmäßig geformte weinrote Flecken.

Schaderreger:

Falscher Mehltau (*Pseudoperonospora sparsa*)

Verbreitung: Der Erreger bevorzugt hohe Luftfeuchtigkeit und dichte Bestände. Bei der Anzucht von Rosen werden krautige Triebe ebenfalls befallen. Das Schadbild wird dann häufig mit der Rindenfleckenkrankheit (*Coniothyrium werns-dorffiae*) verwechselt.

Vorkommen: Die Anfälligkeit der Sorten ist sehr unterschiedlich. Die Rosenunterlage *Rosa corymbifera* 'Laxa' gilt als ausgesprochen anfällig.

Abwehr: Verwendung widerstandsfähiger Sorten, z. B. Sorten mit dem ADR-Prädikat (siehe auch: www.adr.de). Außerdem sollte für eine gute Durchlüftung der Pflanzenbestände gesorgt werden.

Weinrote Flecken auf Rosenblatt nach Infektion mit Falschem Mehltau

Schadbild: An vorjährigen Trieben, aber auch an Stämmen bilden sich bräunliche Verfärbungen, häufig in der Nähe von Knospen.

Schaderreger:

Rindenfleckenkrankheit (*Coniothyrium wernsdorffiae* u. a.)

Verbreitung: Der Erreger bildet seine Sporen auf dem Holz befallener Pflanzen, diese führt zur weiteren Verbreitung.

Abwehr: Rückschnitt befallener Teile bis ins gesunde Holz, bei Stämmen Ausschneiden befallener Teile, soweit dieses möglich ist.

Rindennekrose auf Rosenzweig durch Befall mit der Rindenfleckenkrankheit (Foto: H. Nennmann)

Rosentriebbohrer im Rosenzweig

Weinrote Flecken auf der Blattoberseite der Sorte 'Loch Ness' durch Befall mit Falschem Mehltau

Schadbild: An Freilandrosen ist ein plötzliches Welken einzelner Triebspitzen während der Sommermonate zu beobachten. Beim Aufschneiden der Triebe wird eine weiße Larve mit brauner Kopfkapsel sichtbar.

Schaderreger:
Rosentriebbohrer (*Ardis brunniventris, Cladardis elongatula*)

Verbreitung: Grundsätzlich werden zwei Arten von Rosentriebbohrern unterschieden. Der abwärtssteigende Triebbohrer (*A. brunniventris*) und der aufwärtssteigende Triebbohrer (*Cladardis elongtula*). Je nach Fressrichtung werden im Frühsommer oben an den krautigen Trieben oder im unteren Teil des Triebes Eier abgelegt, aus denen sich die Larven entwickeln.

Abwehr: Rückschnitt der befallenen Triebe.

Weitere häufig vorkommende **Schaderreger**:
Spinnmilben (*Tetranychus urticae*)
Nematoden (*Pratylenchus-Arten, Meloidogyne hapla*)
Wurzelkropf (*Rhizobium radiobacter*)
Echter Mehltau (*Sphaerotheca pannosa*)
Bodenmüdigkeit (nicht bekannte Schadfaktoren)

4.47. *Rubus* – Brombeere, Himbeere

Schadbild: Auf den Blättern bilden sich während der Sommermonate weinrote, meist eckige Flecken, die durch die Blattadern begrenzt sind.

Schaderreger:
Falscher Mehltau (*Peronospora rubi, P. sparsa*)

Verbreitung: Feuchte Lagen fördern die Ausbreitung des Erregers.

Vorkommen: Die Anfälligkeit der Sorten ist sehr unterschiedlich. Generell scheinen die neuen stachellosen Sorten anfälliger zu sein.

Abwehr: Für eine gute Durchlüftung der Bestände sorgen. Im Privatgarten hilft die Entfernung des Falllaubes.

Schadbild: Auf einjährigen Ruten entstehen ab Mai rotbraune bis violette Flecken, vor allem im Bereich der Knospen, die sich jetzt ausdehnen und zum Absterben und Aufplatzen der Rinde führen. Ruten sterben schließlich ab.

Schaderreger:

Himbeerrutensterben *(Didymella applanata)*

Verbreitung: Während der Vegetationszeit dringt der Pilz durch Rindenrisse und Verletzungen ein und überwintert an den befallenen Ruten.

Abwehr: Nach der Ernte Ruten bodennah abschneiden, windgeschützte Lagen mit ausgeglichener Bodenfeuchte wählen, Abdecken des Bodens mit organischer Masse. Rissempfindliche Sorten meiden.

Rindenverbräunungen durch Befall mit dem Himbeerrutensterben

Schadbild: Welkesymptome an Jung- und Ertragsruten. Verbräunungen der Rinde im Wurzelhalsbereich.

Schaderreger:

Phytophthora-Wurzelfäule
(Phytophthora fragariae var. rubi)

Vorkommen: In Ertragsanlagen und Vermehrungsbeständen, häufig zuerst an vernässten Stellen.

Verbreitung: Die Sporen werden mit Pflanzen verschleppt, aber auch mit Fahrzeugen.

Abwehr: Befallene Standorte sollten gemieden werden. Anfälligkeit der Sorten ist unterschiedlich. Die Sorte 'Meeker' wird als relativ robust bezeichnet.

Weitere häufig vorkommende **Schaderreger**: siehe Kapitel 2.

Rost *(Phragmidium-Arten)*

Intensive Verbräunung im Wurzelhalsbereich einer Himbeerpflanze durch Befall mit Wurzelfäule

Bohnenartige Verdickungen am Blatt von *Salix* durch Befall mit Blattwespen (Foto: D. Bartels)

Große Larve des Weidenbohrers

4.48. *Salix* – Weide

Schadbild: An den Blättern bilden sich im Verlauf des Sommers „bohnenartige" Verdickungen, die gelblich bis rötlich gefärbt sein können. Sie haben eine Länge von ca. 1 cm. Darin sind gelbliche Larven zu finden.

Schaderreger:
Blattwespen (*Pontania*-Arten)

Verbreitung: Pro Jahr werden zwei Generationen gebildet, ein starker Befall setzt erst mit der zweiten Generation im Spätsommer ein.

Abwehr: In der Regel nicht erforderlich, da keine nachhaltige Schädigung der Pflanze zu erwarten ist.

Schadbild: Im unteren Bereich älterer Bäume sind größere Löcher mit Bohrmehl an der Öffnung zu finden. In den Gängen befinden sich braunrote Larven mit dunkelbrauner Kopfkapsel.

Schaderreger:
Weidenbohrer (*Cossus cossus*)

Verbreitung: Die Schmetterlinge legen im Sommer ihre Eier an der Stammbasis ab. Daraus entwickeln sich die Larven, die sich in das Holz einbohren. Sie verbleiben etwa zwei Jahre im Holz und können eine Länge von über 7 cm erreichen.

Vorkommen: Vorwiegend an Weiden und Pappeln zu finden, aber auch an Obstgehölzen und anderen Laubbaum-Arten.

Abwehr: Anfällig sind geschwächte und frisch verpflanzte Bäume. Eine ausreichende Wasserversorgung und die Förderung der Pflanzenvitalität wirken einem Befall entgegen.

Weitere häufig vorkommende **Schaderreger:**
Weidenrost (*Melampsora*-Arten)
Wirtswechselnd mit *Abies, Larix* u. a.
Weidenschorf (*Venturia saliciperda*)

4.49. *Sorbus* – Eberesche

Schadbild: In der Umgebung kleinerer Zweige und Knospen verfärbt sich die Rinde zunächst rötlich bis braun. Befallene Rindenteile sinken später ein, nicht immer astumfassend.

Schaderreger:
Krebs (*Nectria galligena*)

Verbreitung: Der Erreger überdauert am Holz und dringt über Wunden bei feuchter Witterung ins Pflanzengewebe ein.

Vorkommen: Die Anfälligkeit der einzelnen Sorten ist nach niederländischen Untersuchungen recht unterschiedlich. So gilt *S. aucuparia* 'Edulis', 'Fastigiata' und 'Joseph Rock' als sehr anfällig, während *S. thuringiata* 'Fastigiata', *S. aria* 'Magnifica' und *S. intermedia* 'Brouwers' weitestgehend befallsfrei bleiben.

Abwehr: Rückschnitt befallener Pflanzenteile bis ins gesunde Holz.

Weitere häufig vorkommende **Schaderreger**: siehe Kapitel 2.
Rotpustel (*Nectria cinnabarina*)
Schorf (*Venturia inaequalis*)
Feuerbrand (*Erwinia amylovora*)

Eingesunkene Rindenpartien an *Sorbus* durch Befall mit Krebs

4.50. *Syringa* – Flieder

Schadbild: Blätter sind im Frühsommer blasig, geschrumpft, bräunlich verfärbt, andere von der Spitze her nach unten eingerollt. In den Blattrollen und Minen befinden sich grünliche Raupen, meist in kleinen Gruppen.

Schädling:
Fliedermotte (*Gracillaria syringella*)

Verbreitung: Der Schädling überwintert als Puppe und legt seine Eier im Frühjahr auf die Blätter. Schäden durch die zweite Generation wesentlich stärker.

Vorkommen: Besonders an *S. vulgaris*, weniger an *S. chinensis*. Auch an *Deutzia, Euonymus, Liguster* und *Fraxinus* vorkommend.

Platzmine auf dem Blatt von *Syringa* durch Befall mit der Fliedermotte (Foto: H. Nennmann)

Abgestorbene Blätter und Triebe an *Syringa* durch Befall mit der Fliederseuche

Schadbild und Larve der Lindenblattwespe

Schadbild: An jungen Trieben befinden sich im Frühjahr braune bis schwarze Flecken, die Rinde fault, Triebe knicken um. Auf den Blättern befinden sich zunächst durchsichtige, später braune Flecken. Blüte ist stark beeinträchtigt.

Schaderreger:

Fliederseuche (*Pseudomonas syringae*)

Verbreitung: Der bakterielle Erreger wird durch Wind, Wasser und besonders mit Vermehrungsmaterial verbreitet.

Abwehr: Verwendung von gesundem Vermehrungsmaterial.

4.51. *Tilia* – Linde

Schadbild: Ab Mai an Blättern von unten deutlicher Fensterfraß, obere Epidermis bleibt vorhanden, diese zunächst weiß, dann schnell verbräunt. Fraß durch schneckenähnliche, grünliche, mit Schleim überzogene Larve (8–10 mm).

Schädling:

Kleine Lindenblattwespe (*Caliroa annulipes*)

Verbreitung: Eiablage im Frühjahr an der Blattunterseite, 2–3 Generationen pro Jahr, Verpuppung im Boden, starkes Auftreten besonders in trockenen Jahren.

Vorkommen: Auch an *Betula*, *Quercus* und *Salix*.

Lindenblattwespe (Foto: P. Mertens)

Schadbild: Auf den Blättern bilden sich im Sommer rundliche oder eckige Flecken von bräunlicher Farbe. Im Spätsommer während des starken Dickenwachstums werden auch die jungen Stämme befallen.

Schaderreger:
Rundliche Blattflecken (*Cercospora microsora*)
Eckige Blattflecken (*Apiognomonia tiliae*)

Vorkommen: Die Erreger sind vorwiegend in der baumschulischen Anzucht auf Saat- und Verschulbeeten sowie bei der Alleebaumanzucht zu finden.

Abwehr: Ein frühzeitiges „Aufputzen" der Stämme sorgt für eine bessere Durchlüftung. Im Bedarfsfall sollten Präparate gegen Blattfleckenerreger eingesetzt werden. Dabei sind auch die Stämme mit grüner Rinde zu benetzen.

Rindenflecken auf jungen Stämmen von *Tilia*

Schadbild: Auf der Rinde befinden sich größere, rötlich verfärbte Partien, die teilweise blasig aufgewölbt sind.

Schaderreger:
Krötenhaut (*Tubercularia vulgaris*), Nebenfruchtform von
Rotpustel (*Nectria cinnabarina*)

Verbreitung: Schwächeparasit, der offene Wunden (Hagelschäden, Frostrisse, Schnittstellen) als Eintrittspforte benötigt.

Vorkommen: Vorwiegend an *Tilia*- und *Alnus*-Arten

Abwehr: Wundverschluss, ausgewogene Düngung und schonende Behandlung der Bäume.

Dunkle Flecken auf der Blattoberseite durch Befall mit Blattfleckenerreger

Weitere häufig vorkommende **Schaderreger**: siehe Kapitel 2.
Spinnmilben (*Tetranychus urticae* u. a.)
Rotpustel (*Nectria cinnabarina*)
Umfallkrankheit auf Saatbeeten (versch. Erreger)
Verticillium-Welke (*Verticillium dahliae*)

Rötliche Verfärbungen und Wulstbildung an *Tilia* durch die Krötenhaut-Krankheit

4.52. *Ulmus* – Ulme

Schadbild: Vorzeitig einsetzender Laubfall durch Welke, als Folge akutes Zweigsterben, im Astquerschnitt findet man Leitbündel im Splintholz braunschwarz verfärbt (dunkle Ringe), junge Pflanzen sterben schnell ab, ältere kränkeln über mehrere Jahre.

Schaderreger:
Ulmensterben, Ulmenkrankheit
(*Ceratocystis ulmi, Ophiostoma novo-ulmi*)

Verbreitung: Der pilzliche Erreger besiedelt die Fraßgänge des Ulmensplintkäfers und wird durch ihn verbreitet. Störung des Wasserhaushalts fördert die Erkrankung.

Abwehr: Widerstandsfähige Ulmen-Sorten wie z. B. Resista-Ulmen, 'New Horizon', 'Regal' und 'Rebona' sowie neue Sorten wie z. B. 'Clusius' und 'Columnella' aufpflanzen. Diese sollten dann aber wurzelecht vermehrt oder auf resistenten Unterlagen veredelt sein. Ulmensplintkäfer bekämpfen, kranke Bäume sofort roden und vernichten.
Seit Kurzem kann auch eine Immunisierung gesunder Bäume erfolgen nach dem Dutch-Trig-Verfahren. Diese muss jährlich erfolgen. Weitere Infos unter: www.dutchtrig.eu

Dunkel verfärbte Leitungsbahnen (verstopft) im Querschnitt einer Ulme nach Befall mit dem Ulmensterben

Abgestorbene Ulme durch Befall mit Ulmensplintkäfer

Schadbild: Unter der Rinde einarmiger, 2–3 cm langer Längsgang, verursacht durch 4–6 mm großen Borkenkäfer, davon ausgehend zahlreiche Larvengänge von 10–15 cm Länge nach beiden Seiten. Auftreten erst an stärkeren Stämmen. Bedeutung des Käfers durch die Erregerverbreitung des Ulmensterbens.

Schädling:
Großer Ulmensplintkäfer (*Scolytus scolytus*)

Verbreitung: Hauptflugzeit des Käfers Ende Mai und Ende August.

Vorkommen: Auch an anderen Laubgehölzen wie *Carpinus, Fraxinus, Populus* und *Salix*. Befall hauptsächlich an kränkelnden Bäumen in Allee- und Parkanlagen.

Abwehr: Ausschneiden kranker Äste, Schlagen befallener Bäume.

Schadbild in der Rinde nach Befall mit Ulmensplintkäfer, unten in Längsrichtung der sogenannte „Muttergang"

4.53. *Vinca* – Immergrün

Schadbild: Nur einzelne Triebe oder Triebteile einer Pflanze welken, Blätter und Triebteile verfärben sich schwarz.

Schaderreger:
Triebsterben (*Phoma cylindrospora*)

Verbreitung: Nasse und feuchte Witterung begünstigen die Entwicklung.

Abwehr: Verwendung gesunden Vermehrungsmaterials, Versorgung des Stecklingssubstrats mit ausreichend Spurenelementen, bei Vermehrung durch Teilung treten scheinbar generell weniger Probleme auf.

Abgestorbene Blätter und Triebe durch *Phoma* (Foto: H. Nennmann)

4.54. *Weigela* – Weigelie

Schadbild: Auf den Blättern befinden sich braune bis schwarze, unregelmäßig geformte Flecken, die durch die Blattadern begrenzt sind.

Schaderreger:
Blattälchen (*Aphelenchoides ritzemabosi*)

Vorkommen: Nach belgischen Untersuchungen (Rijkstation voor Nematologie, Merelbeke) gelten die Weigela-Sorten 'Briant Rubidor', 'Bristol Ruby' und 'Lucifer' als sehr anfällig, die Sorten 'Bouquet Rose', 'Candida', 'Carneval', 'Red Prince' und 'Variegata' als anfällig und die Sorten von *W. florida* als nicht anfällig.

Abwehr: Verwendung von gesundem Vermehrungsmaterial.

Bräunliche Flecken auf Blättern von *Weigela* durch Befall mit Blattälchen

5. Anhang: Informationen zur Behandlung von Schaderregern

Stand März 2013

Im beschreibenden Teil dieses Buches sind in der Regel nur die Abwehrmaßnahmen dargestellt. Auf Ausführungen zur Behandlung von Krankheiten und Schaderregern wurde weitestgehend verzichtet, da Zulassungen und Genehmigungen einem raschen Wandel unterliegen. Längerfristige Empfehlungen sind daher nicht möglich.

Die Umsetzung der Europäischen Pflanzenschutzgesetzgebung in nationales Recht ist in den Grundzügen abgeschlossen. Daraus ergeben sich wesentliche Neuerungen für die Praxis, die in diesem Rahmen nicht umfassend erläutert werden sollen. Für die Anwendung von Pflanzenschutzmitteln in Kulturen mit geringem Anbauumfang hat es einige Veränderungen gegeben. Da sie für den Anwender von Pflanzenschutzmitteln in Baumschulen erhebliche Bedeutung haben, sollen sie nachfolgend kurz erläutert werden. Weiterhin besteht die Möglichkeit, im Bedarfsfall einen Antrag auf eine einzelbetriebliche Genehmigung für ein in Deutschland in anderen Kulturen zugelassenes Pflanzenschutzmittel zu stellen, sofern keine Zulassung zur Behandlung des betreffenden Schaderregers vorliegt. Aus dem ehemaligen Antrag nach §18b ist jetzt der Antrag nach §22(2) des Pflanzenschutzgesetzes geworden. Mit dem Artikel 51 der Verordnung (EG) Nr. 1107/2009 (ehemals §18a) hat der Gesetzgeber die Möglichkeit zur Ausweitung der Zulassung auf Kulturen mit geringem Umfang gegeben. Für weitere Einzelheiten stehen die amtlichen Pflanzenschutzdienststellen und entsprechende Veröffentlichungen in Fachzeitschriften zur Verfügung.

Seit dem Erscheinen findet dieses Buch auch über die Grenzen der Bundesrepublik hinaus großes Interesse. Leser außerhalb Deutschlands bitten wir zu bedenken, dass Pflanzenschutzrecht, Bezeichnung der Produkte, Wirkstoffgehalt und die Verfügbarkeit der Mittel von Land zu Land unterschiedlich sein können. In Zweifelsfällen sollten daher immer die örtlichen Fachbehörden zurate gezogen werden.

Die Informationen des Anhangs wenden sich in erster Linie an den Produktionsgartenbau (Anwender mit entsprechendem Sachkundenachweis), sie können aber auch von Hobbygärtnern genutzt werden. Da für die Anwendung im Haus- und Kleingarten nur Präparate mit spezieller Zulassung für diesen Bereich verwendet werden dürfen, sind diese Produkte mit folgendem Symbol versehen:

Außerdem weisen wir nachdrücklich darauf hin, in jedem Fall genau die Gebrauchsanweisung und die Anwendungshinweise des Herstellers zu beachten und entsprechende Schutzkleidung zu tragen. Die Grundsätze der „Guten Fachlichen Praxis" sind zu beachten.

Aktuelle Informationen zur allgemeinen Zulassungssituation sind heute einfach im Internet verfügbar. Wir empfehlen folgende Seiten:

Deutschland: www.bvl.bund.de

Österreich: www.psm.ages.at

Schweiz: www.psa.blw.admin.ch

Für den Bereich „Haus und Kleingarten" haben einige Anbieter sehr ausführliche Informationen im Internet bereitgestellt. Nachfolgend sind beispielhaft einige genannt. Die Auflistung erhebt dabei keinen Anspruch auf Vollständigkeit.

Übersicht: Firmen mit speziellem Informationsangebot im Internet für Haus- und Kleingärten:

Fa. Bayer, www.bayergarten.de

Fa. Compo, www.compo-hobby.de

Fa. frunol delicia, www.frunol-delicia.de

Fa. Neudorff, www.neudorff.de

Fa. Schacht, www.schacht.de

Fa. Schopf, www.gartenapotheke.com

Fa. Scotts, www.liebedeinengarten.de

Die Verwendung von Nützlingen hat in den vergangenen Jahrzehnten große Bedeutung erlangt. Nachfolgend sind einige Lieferanten für den professionellen Gärtner und den Privatgartenbesitzer genannt. Der Einsatz von Nützlingen erfordert meist eine intensivere Beratung. Entsprechende Informationen werden von den Firmen als Serviceleistung zur Verfügung gestellt. Die Auflistung erhebt dabei keinen Anspruch auf Vollständigkeit.

Übersicht: Bezugsquellen für Nützlinge im Gartenbau:

Fa. Andermatt Biogarten AG, www.biogarten.ch

Fa. Brinkmann Agro, www.brinkmann.nl

Fa. E-Nema GmbH, www.e-nema.de

Fa. Katz Biotech AG, www.katzbiotechservices.de

Fa. W. Neudorff GmbH KG, www.neudorff.de

Fa. Öre-Bio-Protect GmbH, www.nuetzlingsberater.de

Fa. re-natur, www.re-natur.de

Fa. Sautter & Stepper, www.nuetzlinge.de

Fa. Hatto & Patrick Welte, www.welte-nuetzlinge.de

Hinweis: Weder Autor noch Herausgeber übernehmen eine Gewähr für die Richtigkeit und Vollständigkeit der Angaben und schließen jede Haftung aus.

6. Schaderreger mit allgemeiner Bedeutung

6.1. Tierische Schaderreger

6.1.1. Nematoden

Derzeit sind in Deutschland keine Bodenentseuchungsmittel zur Bekämpfung von Nematoden zugelassen. Eine gewisse Ausnahme ist das Produkt Basamid Granulat (Wirkstoff: Dazomet). Es wurde in den vergangenen Jahren im Rahmen einer Notfallzulassung (ehemals §11(2) Pflanzenschutzgesetz) nach Artikel 53 der europäischen Verordnung unter strengen Auflagen für 120 Tage im Jahr zugelassen. Die weitere Zukunft ist aber ungewiss.
Positive Erfahrungen liegen mit dem granulierten Nematizid Nemathorin 10 G, Fosthiazate (30 kg/ha) vor. Es wird kurz vor der Aufschulung in den Boden eingearbeitet. Eine Zulassung nach Art. 53 für Rosen liegt vor. Es wirkt aber nur gegen Nematoden, eine Wirkung gegen Bodenpilze oder Echte Bodenmüdigkeit ist nicht gegeben.
Auf die Möglichkeiten der biologischen Bekämpfung von Nematoden der Gattung Pratylenchus durch den Anbau von Tagetes wurde unter Punkt 2. Schaderreger mit allgemeiner Bedeutung bereits hingewiesen. Die Sorte 'Nemamix' hat sich als besonders wirksam erwiesen.

6.1.2. Milben

Die nachfolgende Tabelle gibt einen Überblick zu den derzeit verfügbaren Produkten mit spezieller Wirkung gegen Spinnmilben, sogenannten Akariziden. Andere Insektizide mit Wirkung bzw. Nebenwirkung auf Spinnmilben sind dabei nicht berücksichtigt.
Im Unterglasanbau hat die Verwendung von Raubmilben zur biologischen Bekämpfung große Bedeutung erlangt. Eine Übersicht möglicher Lieferanten ist bei den Einführungen unter „Informationen zur Behandlung von Schaderregern" zu finden.

Tabelle: Akarizide im Überblick

Präparat	Wirkstoff	Resistenz-gruppe	Anwendung	Wirkung gegen		
				Eier	Larven	Adulte
Apollo	*Clofentezin*	B	0,24–0,48 l/ha	X	(X)	
Envidor	*Spirodiclofen*	F	0,2–0,4 l/ha		X	X
**Floramite 240 SC	*Bifenazate*	G	0,4–0,6 l/ha	X	X	X
**Kanemite SC	*Acequinocyl*	G	1,25–2,5 l/ha		X	X
**Kiron	*Fenpyroximat*	E	0,9–1,5 l/ha		X	X
*Magister 200 SC	*Fenazaquin*	E	0,15 ml/qm	(X)	X	X
*Masai	*Tebufenpyrad*	E	0,3–0,6 kg/ha	(X)	X	X
**Milbeknock	*Milbemectin*	D	0,625–1 l/ha		X	X
*Ordoval	*Hexythiazox*	B	0,25–0,5 kg/ha	(X)	X	(X)
*Vertimec	*Abamectin*	D	0,6–1,2 l/ha		X	X

* = ebenfalls zugelassen für die Anwendung unter Glas,
** nur für die Anwendung unter Glas zugelassen

Produkte der gleichen Resistenzgruppe (durch Buchstaben gekennzeichnet) sollten nicht mehrfach nacheinander verwendet werden zur Verringerung der Resistenzbildung.

Im Haus- und Kleingartenbereich ist die Verwendung von z.B. **Bayer Garten Spinnmilbenspray Plus**, *Thiacloprid + Methiocarb* (gebrauchsfertig), **Compo Axoris Insekten-Frei AF**, *Abamectin + Thiametho-xam* (gebrauchsfertig), **Kiron**, *Fenpyroximat* (6-12 ml/100 qm), **Spruzit Schädlingsfrei, Bio-Schädlings-frei Akut** *Pyrethrine + Rapsöl* (6-12 l/ha) oder **Neudosan Neu**, *Kali-Seife* (1,8-3,6 ml/qm) möglich.

6.1.3. Blattläuse

Zur Bekämpfung der Blattläuse ist eine Vielzahl von Produkten geeignet, die über eine Wirkung gegen saugende Insekten verfügen. Beispielhaft sind nachfolgend einige aufgeführt:
Calypso *Thiacloprid* (0,1-0,3 l/ha), **Confidor WG 70**, *Imidacloprid* (150 g/ha), **Danadim Progress/Perfekt-hion/Insekten-Spritzmittel Roxion**, *Dimethoat* (0,6 l/ha), **Dantop**, *Clothianidin* (150 g/ha, nur unter Glas anwenden), **Mospilan SG**, *Acetamiprid* (150-600 g/ha), **Movento OD**, Spirotetramat (0,3-0,6 l/ha), **Neudosan Neu**, *Kali-Seife* (2%), **Plenum**, *Pymetrozin* (0,48-0,96 kg/ha), **Pirimor Granulat**, *Pirimicarb* (250-500 g/ha), **Spruzit Neu**, *Piperonylbutoxid + Rapsöl* (6-12 l/ha) u.a.
Unter Glas kann die Verwendung von Gallmücken (*Aphidoletes aphidimyza*) oder Florfliegenlarven (*Chrysoperla carnea*) sinnvoll sein. Eine Übersicht möglicher Lieferanten ist bei den Einführungen unter „Informationen zur Behandlung von Schaderregern" zu finden.
Im Haus- und Kleingartenbereich ist die Verwendung von z.B. **Bayer Garten Schädlingsfrei Calypso**, *Thiacloprid* (15-30 ml/10 qm), **Neudosan Neu**, *Kali-Seife* (2%), **Schädlingsfrei Careo Konzentrat**, *Acetami-prid* (0,6-0,9 ml/qm), **Spruzit Neu**, *Piperonylbutoxid + Rapsöl* (6-12 l/ha) u.a. möglich.

Wollläuse/Schmierläuse
Gute Wirkungsgrade sind u.a. mit **Calypso**, *Thiacloprid* (0,1-0,3 l/ha), **Confidor WG 70**, *Imidacloprid* (150 g/ha), **Mospilan SG**, *Acetamiprid* (150-600 g/ha), **Danadim Progress/Perfekthion, Roxion**, *Dimetho-at* (0,6 l/ha) oder **Spruzit Schädlingsfrei**, *Pyrethrine + Rapsöl* (6-12 l/ha) zu erzielen.
Im Haus- und Kleingartenbereich ist die Verwendung von z.B. **Bayer Garten Schädlingsfrei Calypso**, *Thiacloprid* (15-30 ml/10 qm), **Neudosan Neu**, *Kali-Seife* (2%), **Schädlingsfrei Careo Konzentrat**, *Acetami-prid* (0,6-0,9 ml/qm), **Spruzit Neu**, *Piperonylbutoxid + Rapsöl* (6-12 l/ha) sinnvoll.

Schildläuse
Günstigster Zeitpunkt für eine Behandlung ist in der Regel im Frühjahr/Frühsommer gegen die beweglichen Stadien mit **Calypso**, *Thiacloprid* (0,1-0,3 l/ha), **Confidor WG 70**, *Imidacloprid* (150 g/ha), **Mospilan SG**, *Acetamiprid* (150-600 g/ha), **Bi 58, Danadim Progress/Perfekthion/Roxion**, *Dimethoat* (0,6 l/ha) oder **Spruzit Schädlingsfrei**, *Pyrethrine + Rapsöl* (6-12 l/ha). Gegen die festsitzenden Stadien können Mineralölpräparate z.B. **Para-Sommer, Promanal Neu**, *Mineralöle* (12-24 l/ha) oder **Micula**, *Raps-öl* (12-24 l/ha) verwendet werden.
Im Haus- und Kleingartenbereich ist die Verwendung von z.B. **Bi 58 Spray, Compo Schildlaus-Spray**, *Di-methoat* (gebrauchsfertig), **Schädlingsfrei Careo Konzentrat**, *Acetamiprid* (6 ml/Liter Substrat gießen) oder **Spruzit Neu**, *Pyrethrine + Rapsöl* (0,6-1,2 ml/qm) möglich. Gegen die festsitzenden Stadien sind Ölpräparate z.B. **Para-Sommer**, *Mineralöle* (120-240 ml/100qm) oder **Naturen Schädlingsfrei Zierpflan-zen**, *Rapsöl* (1,2-2,4 ml/qm) verwendet werden.

Mottenschildläuse (Weiße Fliege)

Die Kontrolle der Weißen Fliege erweist sich in der Praxis häufig als schwierig, da bei vielen Produkten bereits eine Minderwirkung gegeben ist. Bei der Behandlung der Pflanzen ist für eine gute Benetzung zu sorgen. Verwendet werden kann u.a. **Confidor WG 70**, *Imidacloprid* (150 g/ha), **Mospilan SG**, *Acetamiprid* (300-600 g/ha), **Plenum**, *Pymetrozin* (0,48-0,96 kg/ha), **Spruzit Neu**, *Pyrethrine + Rapsöl* (6-12 l/ha), **Vertimec**, *Abamectin* (0,6-1,2 l/ha) oder **Exemptor**, *Thiacloprid*, (400 g/cbm Erde).

Der Einsatz von Schlupfwespen (*Encarsia formosa*) hat sich im Gewächshaus in den vergangenen Jahren gut etabliert. Eine Übersicht möglicher Lieferanten ist bei den Einführungen unter „Informationen zur Behandlung von Schaderregern" zu finden.

Im Haus- und Kleingartenbereich ist die Verwendung von z.B. **Bayer Combistäbchen Lizetan neu**, *Imidacloprid* (1 Stäbchen pro Liter Substrat), **Bayer Schädlingsfrei Calypso**, *Thiacloprid* (2-4 ml/qm), **Naturen Schädlingsfrei Zierpflanzen**, *Rapsöl* (60-120 ml/qm) oder **Neudosan Neu**, *Kali-Seife* (1,8-3,6 ml/qm) zu empfehlen.

6.1.4. Dickmaulrüssler

Die Bekämpfung des Dickmaulrüsslers bereitet nach wie vor große Probleme in Produktionsbetrieben. Generell sollte eine Doppelstrategie angewendet werden. Gegen die Käfer haben sich nach dem Wegfall von Talstar, Tamaron u.a. Präparaten in Versuchen und in der Praxis **SpinTor**, *Spinosad* (0,3-0,6 l/ha) und **Steward**, *Indoxacarb* (85-170 g/ha) gut bewährt. Für beide Produkte ist eine einzelbetriebliche Genehmigung nach §22(2) erforderlich. Die Anwendung sollte nach Möglichkeit in den späten Abendstunden erfolgen. Zum Nachweis der Käfer im Bestand hat sich das Auslegen alter Bretter bewährt.

Gegen die Larven steht vorbeugend **Exemptor**, *Thiacloprid* (400 g/cbm zum Einmischen) zur Verfügung. Pflanzen mit gelber Wurzel werden generell nicht vom Dickmaulrüssler befallen!

Gegen die Larven stehen dem Produktionsgärtner derzeit keine Präparate für die Anwendung im Gießverfahren zur Verfügung.

Die biologische Bekämpfung der Larven mit insektenpathogenen Nematoden der Gattung *Heterorhabditis* oder *Steinernema* hat sich in den vergangenen Jahren im Produktionsgartenbau und Privatgarten bestens bewährt. Eine Bodentemperatur über 10 °C sollte allerdings gegeben sein für *Heterorhabditis* und mindestens 5 °C bei *Steinernema*. Eine Übersicht möglicher Lieferanten ist bei den Einführungen unter „Informationen zur Behandlung von Schaderregern" zu finden.

Außer der biologischen Bekämpfung der Larven stehen im Haus- und Kleingartenbereich für Gewächshauskulturen u.a. die Präparate **Bayer Combigranulat**, *Imidacloprid* (1 g/l Erde streuen), **Schädlingsfrei Careo Konzentrat**, *Acetamiprid* (6 ml/l Erde gießen) zur Verfügung.

6.1.5. Engerlinge

Die Behandlung ist äußerst schwierig, da derzeit keine wirksamen biologischen oder chemischen Produkte für Baumschulen gegen die Larven des Maikäfers im Boden verfügbar sind. Häufig bleibt nur eine Abdeckung der gesamten Fläche mit engmaschigen Netzen im Frühjahr für einen Zeitraum von 4–6 Wochen.

6.1.6. Drahtwürmer (Larven vom Schnellkäfer)

Derzeit stehen im Bereich Zierpflanzen oder Gehölze keine Präparate zur Bekämpfung von Drahtwürmern zur Verfügung.

6.1.7. Erdraupen

In Sämlingskulturen bei Befall Behandlungen mit **Karate Zeon**, *lambda-Cyhalothrin* (75 ml/ha). Der untere Wurzelhalsbereich ist ebenfalls gut zu benetzen. Die Verwendung von speziellen Kleieködern hat sich als wenig praktikabel erwiesen.
Im Haus- und Kleingartenbereich ist die Verwendung von **Bayer Garten Gemüse Schädlingsfrei Decis AF**, Deltamethrin (50-75 ml/qm) ebenfalls an Zierpflanzen möglich.

6.1.8. Schnaken (*Tipula*)

Anwendung von insektenpathogenen Nematoden (*Steinernema carpocapsae*). Eine Übersicht möglicher Lieferanten ist bei den Einführungen unter „Informationen zur Behandlung von Schaderregern" zu finden.
Insektizide zur Bekämpfung sind derzeit in Deutschland nicht zugelassen. Die Anwendung von **Steward**, *Indoxacarb* (170 g/ha) ist mit einer einzelbetrieblichen Genehmigung nach §22(2) möglich und wirksam.

6.1.9. Schnecken

Verwendung von Schneckenkorn z.B. **Ferramol, Neu 1165 Garten**, *Eisen-III-phosphat* (5 g/qm) oder **Compo Schneckenfrei**, **Pro Limax, Schneckenkorn Spiess-Urania**, *Metaldehyd* (0,3 g/qm) oder **Mesurol Schneckenkorn, Bayer Schneckenkorn Mesurol**, *Methiocarb* (0,5 g/qm). Die erste Ausbringung sollte frühzeitig erfolgen.
Gute Erfahrungen konnten auch mit den räuberischen Nematoden der Gattung *Phasmarhabditis hermaphrodita* gewonnen werden.

6.1.10. Trauermücken

Zur Kontrolle eines möglichen Befalls in Gewächshäusern ist das Anbringen von Gelbtafeln sinnvoll. Vorbeugend kann **Exemptor**, *Thiacloprid* (300 g/cbm Erde) ins Substrat gemischt werden. Bei vorhandenem Befall Anwendung von **NeemAzal-T/S**, Azadirachtin (15 ml/qm mit 3 l Wasser gießen), Bayer **Gartengießmittel gegen Schädlinge** und **Bayer Garten Kombi-Schädlingsfrei**, *Thiacloprid* (5 ml/l Substrat) oder **Compo Axoris Insekten-frei Spritz- und Gießmittel**, Thiametoxam (0,5 ml/qm mit 50 ml Wasser gießen) anwenden.
Gut bewährt hat sich seit Jahren auch die Anwendung räuberischer Nematoden (*Steinernema feltiae*) und anderen Nützlingen. Eine Übersicht möglicher Lieferanten ist bei den Einführungen unter „Informationen zur Behandlung von Schaderregern" zu finden.

6.2. Pilzliche Schaderreger

6.2.1. Auflaufkrankheiten

Vorbeugende Behandlung mit Bodenentseuchungsmitteln (derzeit nur mit Sondergenehmigung möglich) bzw. Dämpfung der Aussaaterde oder Freilandbeete (www.fobro.com oder www.mo-bildampf.de). Für die Beizung des Saatgutes bei stark gefährdeten Gattungen (z.B. *Rosa, Tilia*) stehen derzeit keine zugelassenen Produkte im Gartenbau zur Verfügung. Für Präparate aus der Landwirtschaft können Baumschulen einen einzelbetrieblichen Antrag (§22(2)) stellen. Bei diesen Produkten muss die Samenschale des Samenkorns zum Zeitpunkt der Anwendung noch geschlossen sein, ansonsten können Keimverzögerungen und Schäden am Keimling entstehen. Gebeiztes Saatgut muss sofort nach der Anwendung ausgesät werden.
Nach dem Auflaufen der Sämlinge können im Gießverfahren unter Glas **Aliette WG**, **Spezial Pilzfrei Aliette**, *Fosetyl* (0,5-1 g/qm), **Fonganil Gold**, *Metalaxyl-M* (0,013%) oder **Previcur N**, *Propamocarb* (50 l/ha) bei Bedarf eingesetzt werden. Vorbeugend ist eine möglichst trockene Kulturführung sinnvoll.

6.2.2. Rostpilze

Im Produktionsgartenbau können vorbeugend die Kontaktfungizide **Dithane Neotec**, *Mancozeb* (2-3 kg/ha) oder **Polyram WG**, *Metiram* (1,5-2 kg/ha) eingesetzt werden. Sie verursachen allerdings einen deutlich sichtbaren Spritzbelag auf den Pflanzen. Aus der Gruppe der systemischen bzw. teilsystemischen Produkte können u.a. **Ortiva**, *Azoxystrobin* (0,48-0,96 l/ha) oder **Score**, *Difenoconazol* (0,4 l/ha) Verwendung finden.
Für weitere Präparate mit guter Wirkung gegen Rostpilze (z.B. Folicur, Harvesan, Tilt 250 EC) ist eine einzelbetriebliche Genehmigung nach §22(2) notwendig.
Im Haus- und Kleingarten können vorbeugend die Kontaktfungizide **Cueva Pilzfrei**, *Kupferoktanoat* (0,5%), oder **Polyram WG**, *Metiram* (0,2%) eingesetzt werden. Keine Spritzflecken verursachen die Präparate **Celaflor Pilzfrei Saprol**, *Myclobutanil* (gebrauchsfertig), **Bayer Garten Rosen-Pilzfrei Spray Baymat**, *Tebuconazol* (gebrauchsfertig), **Duaxo Universal Pilz-frei**, Difenoconazol (45-75 ml/100qm) oder **Ortiva Pilz-frei**, *Azoxystrobin* (4,8-9,6 ml/qm).

6.2.3. Echter Mehltau

Empfindliche Kulturen können bei festgestellter Gefährdung mit nachfolgend in der Tabelle genannten Produkten behandelt werden. Gleichzeitig sind auch Angaben hinsichtlich der Wirkung auf Rostpilze und Sternrußtau zu finden. Für die ebenfalls häufig verwendeten Präparate Folicur, Harvesan, Talius und Zenit M ist eine einzelbetriebliche Genehmigung nach §22(2) erforderlich.

Tabelle: Fungizide mit Wirkung gegen Echten Mehltau, Rost und pilzliche Blattflecken

Präparat	Wirkstoff	Anwendung	Wirkung gegen	Wirkungs-dauer	Wirkungs-weise
Collis	*Boscalid Kresoxim-methyl*	0,6 l/ha	E. M.	18–21 Tage	S/K
Desmel/Tilt 250 EC	*Propiconazol*	0,12 l/ha	Blattflecken	10–14 Tage	S
Discus/Stroby WG	*Kresoxim-methyl*	150–300 g/ha	E. M., St., R.	18–21 Tage	S
Fortress 250	*Quinoxyfen*	0,6 l/ha	E. M., Eiche	18–21 Tage	S
Matador	*Triadimenol, Tebuconazol*	0,5–0,75l/ha	E. M., Rosen	18–21 Tage	S
Netzschwefel 🏠 Kumulus WG 🏠	*Schwefel*	1,2–5 kg/ha	E. M.	8–10 Tage	K
Ortiva/Compo Pilzfrei Saprol 🏠	*Azoxystrobin*	1 l/ha	E. M.	18–21 Tage	S
Score	*Difenoconazol*	0,4 l/ha	E. M., R., St.	10–14 Tage	S

Zeichenerklärung: E.M. = Echter Mehltau, R. = Rost, St. = Sternrußtau,
K = Kontaktwirkung, T = Tiefenwirkung, S = systemische Wirkung

6.2.4. Falscher Mehltau

Vorbeugend ist die Anwendung der Kontaktfungizide **Dithane NeoTec, Pilzfrei Dithane 🏠**, *Mancozeb* (2-3 kg/ha) und **Polyram WG, Compo Pilz-frei Polyram WG 🏠**, *Metiram* (1,5-2 kg/ha). Alle bisher genannten Präparate führen zu deutlich sichtbaren Belägen auf den Blättern!
Für die Anwendung unter Glas haben sich in der Praxis Kombinationspräparate mit sytemisch wirkenden Bestandteilen bewährt, wie z.B. **Acrobat Plus**, *Dimethomorph + Mancozeb* (2 kg/ha) oder **Previcur Energy**, *Propamocarb + Fosetyl* (2,5 l/ha). Neben Previcur Energy verursachen **Forum**, *Dimethomorph* (2-3 l/ha) und **Previcur N**, *Propamocarb* (3 l/ha) keine bzw. kaum sichtbare Spritzbeläge auf den Blättern.

6.2.5. Schorf

Gezielte Maßnahmen gegen Schorfpilze müssen in Abhängigkeit von der Witterung während der gesamten Vegetationsperiode ausgeführt werden. Für den privaten Gartenbereich ist die Notwendigkeit von Behandlungen sicherlich geringer einzustufen als für den Erwerbsgartenbau. Hier sollte auf die Verwendung resistenter Sorten geachtet werden.
Verwendet werden können u.a. Kontaktfungizide, z.B. **Dithane NeoTec, Pilzfrei Dithane 🏠**, *Mancozeb* (2-3 kg/ha), **Malvin WG / Merpan 80 WDG**, Captan (0,6 kg/ha/m Kronenhöhe), **Polyram WG 🏠**, *Metiram* (1,5-2 kg/ha) 🏠, sowie Kupferspritzmittel und Schwefelpräparate, die gleichzeitig über eine gute

Wirkung gegen Echte Mehltaupilze verfügen.

Außerdem können die systemischen bzw. teilsystemischen Produkte **Bayer Garten Universal-Pilzfrei M** 🏠, *Myclobutanil* (33 ml/100qm/m Kronenhöhe), **Bellis**, *Boscalid + Pyraclostrobin* (0,267 kg/ha/m Kronenhöhe), **Chorus**, *Cyprodinil* (0,15 kg/ha/m Kronenhöhe), **Consist Plus**, *Captan + Trifloxystrobin* (0,625 kg/ha/m Kronenhöhe), **Delan WG**, *Dithianon* (0,25 kg/ha/m Kronenhöhe), **Discus / Stroby WG**, *Kresoxim-methyl* (62,5 g/ha/m Kronenhöhe), **Duaxo Universal Pilz-frei** 🏠, *Difenoconazol* (0,11 ml/qm/m Kronenhöhe), **Flint**, *Trifloxystrobin* (0,05 kg/ha/m Kronenhöhe), **Maccani**, *Dithianon + Pyraclostrobin* (0,83 kg/ha/m Kronenhöhe) **Scala**, *Pyrimethanil* (0,375 l/ha/m Kronenhöhe), **Score**, *Difenoconazol* (0,075 l/ha/m Kronenhöhe), **Syllit**, *Dodin* (0,625 l/ha/m Kronenhöhe), **Systhane 20 EW**, *Myclobutanil* (0,175 l/ha/m Kronenhöhe), **Vision**, *Fluquinconazol + Pyrimethanil* (0,5 l/ha/m Kronenhöhe) usw. verwendet werden.

7. Kontrolle von Schaderregern an Nadelgehölzen

Pflanze	Schaderreger	Behandlung
Abies	Tannentrieblaus	Präparate gegen saugende Insekten, z.B. **Calypso**, *Thiacloprid* (100–300 g/ha), **Confidor WG 70**, *Imidacloprid* (150 g/ha), **Mospilan SG**, *Acetamiprid* (150–600 g/ha), **Pirimor Granulat**, *Pirimicarb* (250–500g/ha), **Plenum**, *Pymetrozin* (0,48–0,96 kg/ha) **Spruzit Neu**, *Pyrethrine + Rapsöl* (6–12 l/ha) u.a.
	Baumläuse, Rindenläuse	Nur Präparate verwenden, die nicht bienengefährlich sind, wie z.B. **Calypso** und **Mospilan SG** (siehe unter Tannentrieblaus), da die Baumläuse Honigtau absondern, der gern von Bienen aufgenommen wird. Siehe unter 6.1.3.
	Tannennadelrost	Frühzeitige Anwendung von Kontaktfungiziden nach Austrieb der Tannen, wie z.B. **Dithane NeoTec**, *Mancozeb* (2–3 kg/ha) und **Polyram WG**, *Metiram* (1,5–2 kg/ha) oder von **Ortiva**, *Azoxystrobin* (0,48–0,96 kg/ha) oder **Score**, *Difenoconazol* (0,4 l/ha), siehe auch unter Rostkrankheiten 6.2.2.
	Grauschimmel	Anwendung von **Rovral**, *Iprodion* (0,7 kg/ha) oder **Signum**, *Boscalid + Pyraclostrobin* (1,5 kg/ha) ab Befallsbeginn, evtl. erneute Behandlung nach 10–14 Tagen ausführen.
	Nadelbräune	Anwendung der Kontaktfungizide **Dithane NeoTec**, *Mancozeb* (2–3 kg/ha) oder **Polyram WG**, *Metiram* (1,5–2 kg/ha) oder von **Ortiva**, *Azoxystrobin* (0,48–0,96 kg/ha) oder **Score**, *Difenoconazol* (0,4 l/ha).
	Fusarium-Welke	Derzeit sind keine Präparate gegen Fusarium an Zierpflanzen zugelassen, daher sollte vorbeugend eine Standortoptimierung erfolgen.
Chamaecyparis	Stamm- und Wurzelfäule	Gießen mit **Aliette WG**, *Fosetyl* (0,5–1 kg/100qm), **Fenomenal**, *Fosetyl + Fenamidone* (150 kg/ha), **Fonganil Gold**, *Metalaxyl-M* (0,013% gießen) oder **Previcur N/Proplant**, *Propamocarb* (0,15%). Alle Anwendungen sind nur unter Glas zugelassen.
Juniperus	Zweigsterben	Vorbeugende Behandlungen ab Ende des Sommers mit **Dithane Neotec/Pilzfrei Dithane**, *Mancozeb* (2–3 kg/ha), **Compo Pilz-Frei Polyram** / **Polyram WG**, *Metiram* (1,5–2 kg/ha) oder anderem Kontaktfungizid.

Pflanze	Schaderreger	Behandlung
	Wacholderrost	Vorbeugende Behandlungen ab Anfang des Sommers mit **Dithane Neotec/Pilzfrei Dithane**, *Mancozeb* (2–3 kg/ha), **Compo Pilz-Frei Polyram** / **Polyram WG**, *Metiram* (1,5–2 kg/ha) oder anderem Kontaktfungizid, siehe auch unter Rostkrankheiten 6.2.2.
Larix	Lärchenminiermotte	Ab August Anwendung von **Danadim Progress/Perfekthion** / **Roxion D**, *Dimethoat* (0,6 l/ha)
	Lärchenschütte	Vorbeugende Behandlungen ab Anfang Juli mit **Dithane Neotec/Pilzfrei Dithane**, *Mancozeb* (2–3 kg/ha), **Compo Pilz-Frei Polyram** / **Polyram WG**, *Metiram* (1,5–2 kg/ha).
Picea	Fichtengallenlaus	Produkte gegen saugende Insekten, Behandlung nur bei starkem Auftreten erforderlich, siehe unter Läuse 6.1.3.
	Fichtenröhrenlaus	Produkte gegen saugende Insekten, siehe auch unter Läuse 6.1.3.
	Kleine Fichtenblattwespe	Im Bedarfsfall **Karate / Karate WG Forst**, *lambda-Cyhalothrin*, (75 ml bzw. 150 g/ha)
	Knospensterben	Bekämpfung schwierig, versuchsweise mit **Dithane Neotec**, *Mancozeb*, (2–3 kg/ha), **Polyram WG**, *Metiram* (1,5–2 kg) vorbeugend im Sommer.
Pinus	Kiefernwolllaus	**Confidor WG 70**, *Imidacloprid* (150 g/ha), **Mospilan SG**, *Acetamiprid* (150–600 g/ha), **Spruzit Neu**, *Pyrethrine + Rapsöl* (6–12 l/ha), siehe auch unter Läuse 6.1.3.
	Kieferntriebwickler	Im Spätsommer mit **Karate Zeon**, *lambda-Cyhalothrin* (75 ml/ha) oder **Trafo WG**, *lamda-Cyhalothrin* (150 g/ha).
	Kiefernnadelscheidengallmücke	Schwierig, versuchsweise mit **Danadim Progress/Perfekthion/Roxion**, *Dimethoat* (0,7 l/ha). Eine einzelbetriebliche Genehmigung nach §22(2) ist dafür notwendig.
	Weymouthkiefern-Blasenrost	Entfernung befallener Pflanzen und des Zwischenwirtes *Ribes* in der näheren Umgebung, wirksame Fungizide sind nicht bekannt.
	Kiefernschütte	Vorbeugend im Spätsommer mehrmals mit Kontaktfungiziden, wie z.B. mit **Dithane Neotec**, *Mancozeb* (2–3 kg/ha). Neuere Versuche zeigen u.a. eine gute Wirkung von **Folicur** und **Ortiva** in den gebräuchlichen Aufwandmengen. Eine einzelbetriebliche Genehmigung nach §22(2) ist erforderlich.
	Kiefernnadelrost	Mehrfache Anwendung von Präparaten gegen Rostkrankheiten ab dem Spätsommer, siehe unter 6.2.2. Rostpilze.

Pflanze	Schaderreger	Behandlung
Pseudo-tsuga	Rostige Douglasienschütte	Behandlung im Frühjahr und Frühsommer mehr, fach mit **Dithane Neotec**, *Mancozeb* (2–3 kg/ha) im Abstand von 10–14 Tagen.
Taxus	Knospengallmilbe	Während des Austriebes mit **Kiron**, *Fenpyroximat* (0,9–1,8 l/ha), **Masai**, *Tebufenpyrad* (0,3–0,6 l/ha), **Vertimec**, *Abamectin* (0,6–1,2 l/ha), schwierig in der Bekämpfung.
	Eibennapfschildlaus	Anwendung von Mineralölpräparaten im zeitigen Frühjahr (März) hat sich bewährt. Im Frühsommer gegen die beweglichen Stadien mehrfach mit **Calypso** *Thiacloprid* (0,1–0,3 l/ha), **Confidor WG 70**, *Imidacloprid* (150 g/ha), **Danadim Progress/Perfekthion/Roxion** 🐞, *Dimethoat* (0,7 l/ha), **Mospilan SG**, *Acetamiprid* (150–600 g/ha), **Spruzit Neu** 🐞, *Pyrethrine + Rapsöl* (6–12 l/ha), siehe auch unter Läuse 6.1.3.
	Schmierläuse	Während der Vegetationsperiode im Abstand von 2–3 Wochen mit **Confidor WG 70**, *Imidacloprid* (150 g/ha), **Danadim Progress/Perfekthion/Roxion** 🐞, *Dimethoat* (0,7 l/ha), **Mospilan SG**, *Acetamiprid* (150–600 g/ha), **Spruzit Neu** 🐞, *Pyrethrine + Rapsöl* (6–12 l/ha), siehe auch unter Läuse 6.1.3.
	Staunässe	Standort optimieren, z.B. durch Einbau von Draina-ge.
Thuja	Thuja-Miniermotte	Ab Frühsommer und später gegen die Larven **Danadim Progress/Perfekthion/Roxion** 🐞, *Dimethoat* (0,6 l/ha), **Karate Zeon**, *lambda-Cyhalothrin* (75 ml/ha) oder **Spruzit Neu** 🐞, *Pyrethrine + Rapsöl* (6–12 l/ha).
	Rüsselkäfer	Anwendung von **Karate Zeon**, *lambda-Cyhalothrin* (75 ml/ha) oder **Spruzit Neu** 🐞, *Pyrethrine + Rapsöl* (6–12 l/ha).
	Nadelholzspinnmilbe	Siehe unter Milben 6.1.2.
	Triebsterben (Kabatina)	Ab dem Frühsommer Anwendung von **Dithane Neotec**, *Mancozeb* (2–3 kg/ha), **Polyram WG**, *Metiram* (1,5–2 kg/ha) oder **Sportak 45 EW**, *Prochloraz* (1,2 l/ha), eine einzelbetriebliche Genehmigung nach §22(2) ist erforderlich.
	Nadelbräune (Didymascella)	Ab dem Spätsommer Anwendung von **Dithane Neotec**, *Mancozeb* (2–3 kg/ha), **Polyram WG**, *Metiram* (1,5–2 kg/ha) oder **Sportak 45 EW**, *Prochloraz* (1,2 l/ha), eine einzelbetriebliche Genehmigung nach §22(2) ist erforderlich.

8. Kontrolle von Schaderregern an Laubgehölzen

Pflanze	Schaderreger	Behandlung
Acer	Citrusbockkäfer, Laubholzbockkäfer	Quarantäne-Schaderreger, bei Befall muss Mitteilung an Pflanzenschutzdienst erfolgen.
	Gallmilben	Im Bedarfsfall Spezialpräparate gegen Gallmilben oder die Anwendung von Schwefelpräparaten, siehe unter Milben 6.1.2., Bekämpfung selten erforderlich.
	Teerfleckenkrankheit	Bereits zum Zeitpunkt des Austriebs im zeitigen Frühjahr Einsatz von Kontaktfungiziden, z.B. **Dithane Neotec**, *Mancozeb* (2–3 kg/ha) oder Verwendung von Präparaten gegen Blattflecken, siehe Übersicht 6.2.3. Echter Mehltau.
	Verticilliumwelke	Derzeit nur vorbeugende Maßnahmen möglich.
	Echter Mehltau	Siehe Übersicht 6.2.3. Echter Mehltau.
Aesculus	Kastanienminiermotte	Im Bedarfsfall mit **Danadim Progress/Perfekthion/ Roxion** 🏠, *Dimethoat* (0,6 l/ha), **Bayer Garten Raupenfrei/Gladiator/Runner**, *Methoxyfenozide* (0,2 l/ ha/m Kronenhöhe).
	Blattfleckenkrankheit	Bei Infektionsgefahr mit **Ortiva bzw. Neudorffs Rosen-Pilzfrei** 🏠, *Azoxystrobin* (0,48–0,96 l/ha l/ ha), **Score**, *Difenoconazol* (0,4 l/ha) oder Verwendung anderer Präparate gegen Blattflecken, siehe Übersicht 6.2.3. Echter Mehltau.
	Stammfäule	Beseitigung befallener Bäume, derzeit bestehen keine weiteren Behandlungsmöglichkeiten.
	Sonnenbrand, Sonnenbrandnekrosen	Vorbeugend geeigneten Stammschutz in Form von Schutzanstrich oder locker angelegten Reetmatten.
Alnus	Erlenblattkäfer	Nur bei starkem Auftreten in baumschulischen Kulturen notwendig mit Produkten gegen beißende Insekten, z.B. **Karate Zeon**, *lambda-Cyhalothrin* (75 ml/ha), **Spruzit Neu** 🏠, *Pyrethrine + Rapsöl* (6–12 l/ ha).
	Kräuselkrankheit	Bei Infektionsgefahr mit Kontaktfungiziden, z.B. mit **Dithane Neotec**, *Mancozeb* (2–3 kg/ha).
	Erlen-Phytophthora	Im Freiland derzeitig nur vorbeugende Maßnahmen zugelassen (keine Bewässerung mit Oberflächenwasser vornehmen).
	Erlen-Rost	Anwendung der Kontaktfungizide **Dithane NeoTec**, *Mancozeb* (2–3 kg/ha) oder **Polyram WG**, *Metiram* (1,5–2 kg/ha) oder weiterer Präparate gegen Rostkrankheiten, siehe unter 6.2.2.
	Krötenhaut	Vorbeugend Verwendung von gesundem Ausgangsmaterial und geringe Stickstoffdüngung.
Betula	Birken-Rost	Verwendung von Spezialprodukten gegen Rostkrankheiten, siehe unter Rostkrankheiten 6.2.2

Pflanze	Schaderreger	Behandlung
Buddleja	Blattälchen	Derzeit keine zugelassenen Produkte verfügbar, versuchsweise mit **Danadim Progress/Perfekthion/Roxion**, *Dimethoat* (0,6 l/ha), einzelbetriebliche Genehmigung nach §22(2) notwendig.
	Spinnmilben	Siehe unter Milben 6.2.2.
	Falscher Mehltau	Siehe unter Falscher Mehltau 6.2.4.
Buxus	Triebspitzengallmilbe	Mehrmalige Anwendung von z.B. **Masai**, *Tebufenpyrad* (0,3–0,6 l/ha) oder **Vertimec**, *Abamectin* (0,6–1,2 l/ha), siehe auch unter Milben 6.1.2.
	Buchsbaum-Blattfloh	Im Frühjahr mehrmalige Anwendung von **Confidor WG 70**, *Imidacloprid* (150 g/ha), **Danadim Progress/Perfekthion/Roxion**, *Dimethoat* (10 ml/100qm), **Mospilan SG**, *Acetamiprid* (150–300 g/ha), **Plenum**, *Pymetrozin* (240–480 g/ha), **Spruzit Neu**, *Pyrethrine + Rapsöl* (6–12 l/ha)
	Buchsbaum-Zünsler	Frühzeitige Behandlung mit **Calypso**, *Thiacloprid* (0,1 l/ha), **Danadim Progress/Perfekthion/Roxion**, *Dimethoat* (0,6 l/ha) oder **Spruzit Neu**, *Pyrethrine + Rapsöl* (6–12 l/ha).
	Kommaschildlaus	Siehe unter Schildläuse 6.1.3.
	Buchsbaum-Spinnmilbe	Anwendung von Präparaten gegen Spinnmilben, siehe 6.1.2 Milben
	Triebsterben	Mehrmalige und sorgfältige Anwendung von Kontaktfungiziden, mit viel Brühe. Bewährt haben sich u.a. **Bravo 500**, *Chlorthalonil* (2 l/ha), **Dithane NeoTec**, *Mancozeb* (2–3 kg/ha), **Harvesan**, *Carbendazim + Flusilazol* (0,8 l/ha), **Signum**, *Boscalid + Pyraclostrobin* (1,5 kg/ha) und **Switch**, *Cyprodinil + Fludioxynil* (0,24–0,96 kg/ha), eine einzelbetriebliche Genehmigung nach §22(2) ist für die genannten Präparate notwendig.
	Buchsbaum-Krebs	Siehe unter Triebsterben bei *Buxus*
	Buchsbaum-Rost	Siehe unter Rostkrankheiten 6.2.2.
Calluna	Triebspitzensterben (Glomerella sp.)	Bei Infektionsgefahr Anwendung von Kontaktfungiziden z.B. **Dithane Neotec**, *Mancozeb* (2–3 kg/ha), **Sportak 45 EW/Mirage 45 EC**, *Prochloraz* (1,2 l/ha). Einzelbetriebliche Genehmigung nach §22(2) notwendig.
	Stängelgrundfäule	Bekämpfung ist schwierig, mehrmalige Anwendung von **Sportak 45 EW/Mirage 45 EC**, *Prochloraz* (1 l/ha), Stängelgrund gut benetzen. Eine einzelbetriebliche Genehmigung nach §22(2) ist notwendig.
	Wurzelfäule	Gießen mit **Aliette WG**, *Fosetyl* (100 kg/ha), **Fenomenal**, *Fosetyl + Fenamidone* (75 kg/ha), **Fonganil Gold**, *Metalaxyl-M* (0,013%) oder **Previcur N**, *Propamocarb* (0,15%), Anwendung nur unter Glas zugelassen.

Pflanze	Schaderreger	Behandlung
Clematis	Clematiswelke	Behandlung schwierig, trockene Kulturführung als vorbeugende Maßnahme sinnvoll.
Cornus	Blattfleckenkrankheit	Bei beginnendem Befall Anwendung von **Score**, *Difenoconazol* (0,4 l/ha), **Ortiva bzw. Neudorffs Rosen-Pilzfrei** 🏠, *Azoxystrobin* (0,48–0,96 l/ha) oder anderen Präparaten gegen Blattflecken siehe unter 6.2.3. Tabelle.
	Sclerotinia	Bei festgestellter Gefährdung Anwendung unter Glas von z.B. **Rovral**, *Iprodion* (0,7 kg/ha), **Switch**, *Fludioxynil + Cyprodinil* (1 kg/ha), §22(2) Genehmigung notwendig oder **Signum**, *Bascalid + Pyraclostrobin* (1,5 kg/ha).
	Anthraknose	Verwendung resistenter Sorten.
Cotinus	Verticillium-Welke	Nur vorbeugende Maßnahmen möglich, derzeit stehen keine Präparate zur Behandlung zur Verfügung.
Corylus	Knospengallmilbe	Mehrmalige Anwendung von z.B. **Masai**, *Tebufenpyrad* (0,3–0,6 l/ha), **Vertimec**, *Abamectin* (0,6–1,2 l/ha) während des Austriebes. Die Behandlung mit Mineralölpräparaten wie z.B. **Promanal Neu** (12–24 l/ha) kurz vor Austrieb hat sich ebenfalls bewährt.
Cotoneaster	Feuerbrand	Verhinderung der weiteren Ausbreitung durch mehrmalige Anwendung von Kupferspritzmitteln, meldepflichtige Krankheit.
Crataegus	Rost	Siehe unter Rostpilze 6.2.2., erste Anwendung muss sehr frühzeitig (Austrieb ca. 1 cm lang) erfolgen.
	Blattfallkrankheit	Bei beginnendem Befall Anwendung von **Ortiva bzw. Neudorffs Rosen-Pilzfrei** 🏠, *Azoxystrobin* (0,48–0,96 l/ha).
Cytisus	Fusarium	Derzeit keine zugelassenen Produkte verfügbar, **Sportak 45 EW/Mirage 45 EC**, *Prochloraz* (1,2 l/ha) §22(2) -Genehmigung notwendig.
Erica	siehe unter Calluna	
Euonymus	Echter Mehltau	Siehe unter Echter Mehltau 6.2.3.
	Rhizobium-Bakterienkrankheit	Nur vorbeugende Strategie in Form von Betriebshygiene und Verwendung von gesundem Ausgangsmaterial möglich.
	Pseudomonas-Bakterienkrankheit	Anwendung von **Cuprozin Flüssig**, *Kupferhydroxid* (2–2,4 l/ha) zur Verhinderung der weiteren Ausbreitung im Betrieb.
Fagus	Knospengallmücke	In der Praxis hat sich die Anwendung von **Karate Forst Flüssig/Karate Zeon**, *lambda-Cyhalothrin* (75 ml/ha) bewährt. Eine einzelbetriebliche Genehmigung nach §22(2) ist notwendig.

Pflanze	Schaderreger	Behandlung
	Buchenblatt-Baumlaus	Frühzeitige Anwendung kurz nach Austrieb zur Bekämpfung der sogenannten „Stammmütter" mit **Confidor WG 70**, *Imidacloprid* (150 g/ha), **Mospilan SG**, *Acetamiprid* (150–300 g/ha) oder **Movento OD 150**, *Spirotetramat* (0,3–0,6 l/ha). Für **Teppeki**, *Flonicamid* (160 g/ha) ist eine einzelbetriebliche Genehmigung nach §22(2) notwendig. Die Anwendung von Mineralölpräparaten wie z.B. **Promanal Neu** 🔧 (12–24 l/ha) kurz vor Austrieb bringt ebenfalls eine Teilwirkung.
Fargesia	Wolllaus	Wirksam haben sich besonders Präparate mit Wirkstoffen aus der Gruppe der Neonicotinoide wie z.B. **Confidor WG 70**, *Imidacloprid* (150 g/ha) oder **Mospilan SG**, *Acetamiprid* (150–300 g/ha) erwiesen. Im Haus- und Kleingarten die Präparate **Bayer Garten Universal-Schädlingsfrei**, *Imidacloprid* (0,1–0,2 g/qm) oder **Careo Schädlingsfrei Konzentrat**, *Acetamiprid* (0,6–0,9 ml/qm).
Forsythia	Bakterienkrebs	Nur Rückschnitt befallener Pflanzenteile, Anwendung von **Cuprozin Flüssig**, *Kupferhydroxid* (2–2,4 l/ha) zur Verhinderung der Ausbreitung im Bestand.
	Bakterienseuche	Anwendung von Kupferspritzmitteln wie z.B. **Cuprozin Flüssig**, *Kupferhydroxid* (2–2,4 l/ha) im zeitigen Frühjahr zur Verhinderung der weiteren Ausbreitung im Bestand.
Fraxinus	Gallmilben	Anwendung von z.B. **Masai**, *Tebufenpyrad* (0,3–0,6 l/ha) oder **Vertimec**, *Abamectin* (0,6–1,2 l/ha). Die mehrmalige Anwendung von Schwefelpräparaten während der Vegetation führt zu einer Befallsminderung.
	Eschen-Blattfloh	Nur bei starkem Auftreten mit z.B. **Confidor WG 70**, *Imidacloprid* (150 g/ha) oder **Mospilan SG**, *Acetamiprid* (150–300 g/ha) oder **Plenum 50 WG**, *Pymetrozin* (240–480 g/ha)
	Hornissen	Geschützte Art (Rote Liste).
	Eschen-Triebsterben	Verwendung resistenter Arten wie z.B. *Fraxinus americana*, *F. ornus* oder *F. pennsylvanica*. In der Baumschulkultur ist mit der mehrmaligen Anwendung von Kontaktfungiziden ab Juni eine gewisse Befallsreduzierung möglich.
Gaultheria	Triebsterben	Vorbeugend eine Heißwasserbehandlung des Saatgutes, da der Erreger mit den Samen übertragen wird. Bei beginnendem Befall Anwendung von Kontaktfungiziden z.B. mit **Dithane NeoTec**, *Mancozeb* (2–3 kg/ha), **Polyram WG**, *Metiram* (1,5–2 kg/ha) oder **Ortiva**, *Azoxystrobin* (0,48–0,96 l/ha), **Signum**, *Boscalid + Pyraclostrobin* (1,5 kg/ha) u.a.

Pflanze	Schaderreger	Behandlung
	Wurzelfäule	Gießen mit **Aliette WG** 🏭, *Fosetyl* (100 kg/ha), **Feno-menal**, *Fosetyl + Fenamidone* (75 kg/ha), **Fonganil Gold**, *Metalaxyl-M* (0,013%) oder **Previcur N**, *Propamocarb* (0,15%), Anwendung nur unter Glas zuge-lassen.
Gleditsia	Gleditsia-Gallmücke	Bei beginnendem Befall Anwendung von **Danadim Progress/Perfekthion/Roxion** 🏭, *Dimethoat* (0,7 l/ha), **Karate Zeon** (einzelbetriebliche Genehmigung nach §22(2) erforderlich), *lambda-Cyhalothrin* (75 ml/ha), **Spruzit Neu** 🏭, *Rapsöl + Pyrethrine* (6–12 l/ha).
Hedera	Triebspitzenmilbe	Anwendung von **Kiron**, *Fenpyroxymat* (0,9–1,8 l/ha, nur unter Glas), **Masai**, *Tebufenpyrad* (0,3–0,6 l/ha) oder **Vertimec**, *Abamectin* (0,6–1,2 l/ha).
	Blattfleckenkrankheit (Phyllosticta sp.)	Bei beginnendem Befall Anwendung von **Collis**, *Boscalid + Kresoxim-methyl* (0,6 l/ha), **Ortiva bzw. Neu-dorffs Rosen-Pilzfrei** 🏭, *Azoxystrobin* (0,48–0,96 l/ha), **Score**, *Difenoconazol* (0,4 l/ha) oder Verwen-dung von Kontaktfungiziden.
	Blatt- und Stängelflecken-krankheit Colletotrichum sp.)	Behandlung siehe unter Blattflecken.
	Bakterienblatt-fleckenkrankheit, Efeukrebs	Anwendung von **Cuprozin Flüssig**, *Kupferhydroxid* (2–2,4 l/ha) im Freiland und sorgfältige Betriebshy-giene.
Hydrangea	Wurzelfäule, Stängelgrundfäule	Da sich das Schadbild ähnelt, sollte vor einer Anwendung von Pflanzenschutzmitteln anhand einer Laboruntersuchung der Erreger genau bestimmt werden. Bei Befall mit Rhizoctonia ist die Anwendung von z.B. **Rovral**, *Iprodion* (0,7 kg/ha), **Signum**, *Boscalid + Pyraclostrobin* (1,5 kg/ha) oder **Risolex** (nur unter Glas), *Tolclofos-methyl* (2 l/ha) möglich. Bei einem Befall mit Phytophthora Gießen mit **Aliette WG** 🏭, *Fosetyl* (100 kg/ha), **Fenomenal**, *Fosetyl + Fenamidone* (75 kg/ha), **Fonganil Gold**, *Metalaxyl-M* (0,013%) oder **Previcur N**, *Propamocarb* (0,15%), Anwendung nur unter Glas zugelassen.
	Echter Mehltau	Anwendung von Präparaten gegen Echten Mehltau, siehe unter 6.2.3.
Hypericum	Rost	Siehe Präparate gegen Rostkrankheiten 6.2.2.
	Wurzelfäule	Gießen mit **Aliette WG** 🏭, *Fosetyl* (100 kg/ha), **Feno-menal**, *Fosetyl + Fenamidone* (75 kg/ha), **Fonganil Gold**, *Metalaxyl-M* (0,013%) oder **Previcur N**, *Propamocarb* (0,15%), Anwendung nur unter Glas zuge-lassen.

Pflanze	Schaderreger	Behandlung
Ilex	Ilex-Minierfliege	Im Mai und Juni mehrfache Anwendung von z.B. **Bayer Garten Zierpflanzenspray**, *Imidacloprid + Methiocarb* (gebrauchsfertig), **Confidor WG 70**, *Imidacloprid* (150 g/ha), **Vertimec**, *Abamectin* (0,6–1,2 l/ha) oder **Spruzit Neu** 🐞, Rapsöl + Pyrethrine (6–12 l/ha) im Freiland.
	Schmierläuse	Während der Vegetationsperiode mehrfach im Abstand von 2–3 Wochen mit **Confidor WG 70**, *Imidacloprid* (150 g/ha), **Danadim Progress/Perfekthion/Roxion** 🐞, *Dimethoat* (0,7 l/ha), **Mospilan SG,** *Acetamiprid* (150–300 g/ha), **Schädlingsfrei Careo Konzentrat**, *Acetamiprid* (0,6–0,9 ml/qm), **Spruzit Neu** 🐞, *Pyrethrine + Rapsöl* (6–12 l/ha).
Ligustrum	Rindenflecken-erkrankung	Ab Mai mehrfache Anwendung von **Malvin**, *Captan* (1–1,8 kg/ha) oder **Bravo 500**, *Chlorthalonil* (2 l/ha), einzelbetriebliche Genehmigung nach §22(2) notwendig.
	Blattflecken	Vorbeugend Anwendung von Kontaktfungiziden oder Präparaten gegen Blattflecken wie z.B. **Ortiva**, *Azoxystrobin* (0,48–0,96 l/ha), **Score**, *Difenoconazol* (0,4 l/ha).
Lonicera	Kalkfleckenkrankheit	Bei beginnendem Befall Anwendung von **Ortiva bzw. Neudorffs Rosen-Pilzfrei** 🐞, *Azoxystrobin* (0,48–0,96 l/ha), **Folicur**, *Tebuconazol* (0,5 l/ha), **Luna Experience**, *Fluopyram + Tebuconazol* (1 l/ha) oder **Signum**, *Boscalid + Pyraclostrobin* (1,5 kg/ha). Für Folicur, Luna Experience und Signum ist eine einzelbetriebliche Genehmigung nach §22(2) erforderlich.
Lycium	Gallmilben	Anwendung von z.B. **Masai**, *Tebufenpyrad* (0,3–0,6 l/ha) oder **Vertimec**, *Abamectin* (0,6–1,2 l/ha), mehrmalige Anwendung von Schwefelpräparaten während der Vegetation führt zu einer Befallsminderung.
Magnolia	Bakterien-Blattfleckenkrankheit	Anwendung von Kupferspritzmitteln wie z.B. **Cuprozin Flüssig**, *Kupferhydroxid* (2–2,4 l/ha) im zeitigen Frühjahr zur Verhinderung der weiteren Ausbreitung.
Mahonia	Echter Mehltau	Siehe unter Echter Mehltau 6.2.3.
	Mahonienrost	Siehe unter Rostpilze 6.2.2.
Malus	Blutlaus	Bei Befall Anwendung von **Calypso**, *Thiacloprid* (0,1 l/ha/m Kronenhöhe), **Confidor WG 70**, *Imidacloprid* (150 g/ha), **Mospilan SG**, *Acetamiprid* (150–300 g/ha), **Pirimor Granulat**, *Pirimicarb* (250 g/ha/m Kronenhöhe). Hinweise gelten nicht für Anwendung in Ertragsanlagen.

Pflanze	Schaderreger	Behandlung
	Apfelbaumgespinst-motte	Bei Befall mit **Danadim Progress/Perfekthion/Roxi-on** ⚙, *Dimethoat* (0,6–1 l/ha) oder im frühen Ent-wicklungsstadium auch mit **Calypso** ⚙, *Thiacloprid* (0,1 l/ha/m Kronenhöhe) behandeln. Für beide ist eine einzelbetriebliche Genehmigung erforderlich. Außerdem mit **Spruzit Neu** ⚙, *Pyrethrine + Rapsöl* (6–12 l/ha).
	Pilzlicher Bleiglanz	Keine direkten Behandlungen möglich, Verwendung von gesundem Ausgangsmaterial.
	Obstbaumkrebs	Bei Infektionsgefahr Anwendung von **Cuprozin WP** ⚙, *Kupferhydroxid* (1 kg/ha/m Kronenhöhe) oder **Malvin**, *Captan* (0,6 kg/ha/m Kronenhöhe) während des Blattfalls.
Morus	Maulbeer-Schildlaus	Anwendung von Mineralölpräparaten wie z.B. **Pro-manal Neu** ⚙ (12–24 l/ha) vor Austrieb der Pflanzen oder **Movento OD 150**, *Spirotetramat* (0,3–0,6 l/ha) während der Vegetation. Bislang liegen nur geringe Erkenntnisse zur Bekämpfung des Schädlings vor.
Pachysandra	Blattfleckenkrankheit	Bei beginnendem Befall Anwendung von **Ortiva bzw. Neudorffs Rosen-Pilzfrei** ⚙, *Azoxystrobin* (0,48–0,96 l/ha), vorbeugend kann Anwendung von Kontaktfungiziden erfolgen.
	Wurzelfäule	Gießen mit **Aliette WG** ⚙, *Fosetyl* (100 kg/ha), **Feno-menal**, *Fosetyl + Fenamidone* (75 kg/ha), **Fonganil Gold**, *Metalaxyl-M* (0,013%) oder **Previcur N**, *Pro-pamocarb* (0,15%), Anwendung nur unter Glas zuge-lassen. Für Anwendungen im Freiland sind einzelbe-triebliche Genehmigungen nach §22(2) notwendig.
Partheno-cissus	Falscher Mehltau	Siehe unter Falscher Mehltau 6.2.4.
Pieris	Andromeda-Netzwanze	Siehe unter Rhododendron-Netzwanze.
	Wurzelfäule	Gießen mit **Aliette WG** ⚙, *Fosetyl* (100 kg/ha), **Feno-menal**, *Fosetyl + Fenamidone* (75 kg/ha), **Fonganil Gold**, *Metalaxyl-M* (0,013%) oder **Previcur N**, *Pro-pamocarb* (0,15%), Anwendung nur unter Glas zuge-lassen. Für Anwendungen im Freiland sind einzelbe-triebliche Genehmigungen nach §22(2) notwendig.
Platanus	Platanen-Miniermotte	Im Bedarfsfall mit **Calypso**, *Thiacloprid* (0,1–0,3 l/ha), einzelbetriebliche Genehmigung nach §22(2) not-wendig, **Confidor WG 70**, *Imidacloprid* (150 g/ha), einzelbetriebliche Genehmigung nach §22(2) not-wendig, **Spruzit Neu** ⚙, *Pyrethrine + Rapsöl* (6–12 l/ha oder 3,5 l/ha/m Kronenhöhe).

Pflanze	Schaderreger	Behandlung
	Platanen-Netzwanze	Beim ersten Auftreten Anwendung von **Calypso,** *Thiacloprid* (0,1–0,3 l/ha), **Confidor WG 70**, *Imidacloprid* (150 g/ha) oder **Spruzit Neu** 🐞, *Pyrethrine + Rapsöl* (6–12 l/ha), Anwendung nur in Baumschulen notwendig.
	Blattfleckenkrankheit	Anwendung von **Cuprozin Flüssig**, *Kupferhydroxid* (2–2,4 l/ha), **Ortiva bzw. Neudorffs Rosen-Pilzfrei** 🐞, *Azoxystrobin* (0,48–0,96 l/ha) oder Kontaktfungiziden während des Austriebs, nur in Baumschulen notwendig.
	Echter Mehltau	Anwendung von Präparaten gegen Echte Mehltaupilze, siehe unter 6.2.3., Anwendung nur in der baumschulischen Produktion notwendig.
	Massaria-Krankheit	Derzeit keine direkten Bekämpfungsmaßnahmen bekannt.
Populus	Marssonia-Blattflecken	Bei beginnendem Befall Anwendung von **Ortiva bzw. Neudorffs Rosen-Pilzfrei** 🐞, *Azoxystrobin* (0,48–0,96 l/ha), die Anwendung von Kontaktfungiziden ist ebenfalls wirksam.
	Rost	Siehe unter Rostpilze 6.2.2.
Prunus	Sternfleckengallmilbe	Anwendung von z.B. **Kiron**, *Fenpyroximat* (0,75 l/ha/m Kronenhöhe), **Masai**, *Tebufenpyrad* (0,3–0,6 l/ha) oder **Vertimec**, *Abamectin* (0,6–1,2 l/ha).
	Schwarze Kirschenläuse	Bei Befall **Calypso**, *Thiacloprid* (0,1–0,3 l/ha), **Confidor WG 70**, *Imidacloprid* (150 g/ha), **Micula**, *Rapsöl* (10 l/ha/m Kronenhöhe), **Mospilan SG**, *Acetamiprid* (150–300 g/ha), **Spruzit Neu** 🐞, *Pyrethrine + Rapsöl* (6–12 l/ha).
	Schlangen-miniermotte	Bei beginnendem Befall Anwendung von z.B. **Danadim Progress/Perfekthion/Roxion** 🐞, *Dimethoat* (0,6 l/ha) oder **Spruzit Neu** 🐞, *Pyrethrine + Rapsöl* (6–12 l/ha).
	Spitzendürre (Monilinia laxa)	Bei Infektionsgefahr in die aufgehende Blüte **Signum**, *Boscalid + Pyraclostrobin* (1,5 kg/ha), **Systhane 20 EW**, *Myclobutanil* (0,225 kg/ha/m Kronenhöhe) oder **Teldor/Bayer Garten Obst-Pilzfrei Teldor**, *Fenhexamid* (0,5 kg/ha/m Kronenhöhe).
	Sprühflecken-krankheit	Ab Befallsbeginn Kontaktfungizide im Abstand von 10–14 Tagen oder mit **Delan WG**, *Dithianon* (0,25 kg/ha/m Kronenhöhe), **Signum**, *Boscalid + Pyraclostrobin* (1,5 kg/ha), **Systhane 20 EW**, *Myclobutanil* (0,225 l/ha/m Kronenhöhe).
	Kräuselkrankheit	Bei Infektionsgefahr mit **Delan WG**, *Dithianon* (0,25 kg/ha/m Kronenhöhe), **Syllit**, *Dodin* (1 l/ha/m Kronenhöhe), **Duaxo Universal Pilz-frei** 🐞, *Difenoconazol* (0,11 ml/qm/m Kronenhöhe).

Pflanze	Schaderreger	Behandlung
	Schrotschuss-krankheit	Bei beginnendem Befall Anwendung von Kontakt-fungiziden, z.B. **Delan WG**, *Dithianon*, (0,25 kg/ha/m Kronenhöhe) oder Kupferspritzmitteln.
	Echter Mehltau	Siehe unter Echter Mehltau 6.2.3
	Falscher Mehltau	Siehe unter Falscher Mehltau 6.2.4.
	Bakterienkrankheit, bakterieller Schrotschuss	Anwendung von Kupferspritzmitteln wie z.B. **Cuprozin Flüssig**, *Kupferhydroxid* (2–2,4 l/ha) zur Verhinderung der weiteren Ausbreitung.
Pyracantha	Schorf	Siehe Schorf 6.2.5.
Pyrus	Birnen-Prachtkäfer	Bei festgestellter Gefährdung Anwendung von **Fastac Forst**, *alpha-Cypermethrin* (2 % streichen) oder **Karate Zeon**, *lambda-Cyhalothrin* (0,2 % streichen).
	Birnen-Gitterrost	Behandlung ab dem Ende der Blüte mit Präparaten gegen Rostpilze beginnen, ca. 3–4 Mal im Abstand von ca. 10 Tagen, siehe auch unter Rostpilze 6.2.2.
Quercus	Eichen-Splintkäfer	Bei festgestellter Gefährdung Anwendung von **Fastac Forst**, *alpha-Cypermethrin* (2 % streichen) oder **Karate Zeon**, *lambda-Cyhalothrin* (0,2–0,4 % streichen).
	Eichen-Knospengallmücke	Gefährdete Bestände ab Austrieb mit **Karate Zeon**, *lambda-Cyhalothrin* (75 ml/ha) behandeln, einzelbetriebliche Genehmigung nach §22(2) notwendig.
	Eichen-Stammlaus	Anwendung von **Spruzit Neu** 🦋, *Pyrethrine + Rapsöl* (6–12 l/ha) oder **Danadim Progress/Perfekthion/Roxion**, *Dimethoat* (0,6 l/ha) mit einzelbetrieblicher Genehmigung nach §22(2).
	Eichen-Rindenbrand	Anwendung von **Cuprozin Flüssig**, *Kupferhydroxid* (2–2,4 l/ha) oder **Sportak 45 EW**, *Prochloraz* (1,2 l/ha) mit einzelbetrieblicher Genehmigung nach §22(2).
Rhamnus	Kronenrost	Siehe unter Rostpilze 6.2.2.
Rhododen-dron	Rhododendron-Netzwanze	Mehrmalige Behandlung in den Sommermonaten mit z.B. **Calypso**, *Thiacloprid* (0,1–0,3 l/ha), **Confidor WG 70** *Imidacloprid* (150 g/ha), **Mospilan**, *Acetamiprid* (150 g/ha), **Spruzit Neu** 🦋, *Pyrethrine + Rapsöl* (6–12 l/ha).
	Mottenschildlaus, Weiße Fliege	Siehe unter Mottenschildlaus 6.1.3.
	Dickmaulrüssler	Siehe unter Dickmaulrüssler 6.1.4.
	Wurzel- und Stammfäule	Gießen mit **Aliette WG** 🦋, *Fosetyl* (100 kg/ha), **Fenomenal**, *Fosetyl + Fenamidone* (75 kg/ha), **Fonganil Gold**, *Metalaxyl-M* (0,013%) oder **Previcur N**, *Propamocarb* (0,15%), Anwendung nur unter Glas zugelassen. Für Freilandanwendungen sind einzelbetriebliche Genehmigungen nach §22(2) notwendig.
	Phytophthora-Triebfäule	Siehe unter Wurzel- und Stammfäule.

Pflanze	Schaderreger	Behandlung
	Knospensterben (Rhododendron-Zikade)	Mehrmalige Behandlung in den Sommermonaten mit z.B. **Calypso**, *Thiacloprid* (0,1–0,3 l/ha), **Confidor WG 70**, *Imidacloprid* (150 g/ha), 🖰 *Dimethoat* (0,6 l/ha), **Karate Zeon**; *lambda-Cyhalothrin* (75 ml/ha), **Spruzit Neu** 🖰, *Pyrethrine + Rapsöl* (6–12 l/ha) gegen den Überträger der Krankheit.
	Ohrläppchenkrankheit	Anwendung von **Ortiva**, *Azoxystrobin* (0,48–0,96 l/ha), **Score**, *Difenoconazol* (0,4 l/ha) oder die Kontaktfungizide **Dithane NeoTec**, *Mancozeb* (2–3 kg/ha), **Polyram WG**, *Metiram* (1,5–2 kg/ha).
	Rost	Bislang liegen nur geringe Erkenntnisse zur Behandlung des neuen Erregers vor. Bei gefährdeten Sorten während der Vegetation Anwendung von Präparaten gegen Rostpilze, siehe unter 6.2.2.
Ribes	Johannisbeer-Gallmilbe	Mehrmalige Anwendung von z.B. **Masai**, *Tebufenpyrad* (0,3–0,6 l/ha) oder **Vertimec**, *Abamectin* (0,6 –1,2 l/ha) oder Anwendung von Schwefelprodukten während des Austriebes.
	Johannisbeer-Blasenlaus	Siehe unter Läuse 6.1.3.
	Wurzelläuse	Derzeit stehen keine zugelassenen Präparate zur Verfügung.
	Stachelbeermehltau	Siehe Echter Mehltau 6.2.3.
	Säulenrost	Siehe Rostpilze 6.2.2.
	Triebsterben (Phytophthora)	Gießen mit **Aliette WG** 🖰, *Fosetyl* (100 kg/ha), **Fenomenal**, *Fosetyl + Fenamidone* (75 kg/ha), **Fonganil Gold**, *Metalaxyl-M* (0,013%) oder **Previcur N**, *Propamocarb* (0,15%), Anwendung nur unter Glas zugelassen. Für Anwendungen im Freiland sind einzelbetriebliche Genehmigungen nach §22(2) notwendig.
	Falscher Mehltau	Siehe unter Falscher Mehltau 6.2.4.
Rosa	Rosen-Blattlaus	Siehe unter Läuse 6.1.3.
	Rosen-Blattwespe	Ab Befallsbeginn mit **Danadim Progress/Perfekthion/Roxion** 🖰,*Dimethoat* (0,6 l/ha), **Karate Zeon**, *lambda-Cyhalothrin* (75 ml/ha), **Spruzit Neu** 🖰, *Pyrethrine + Rapsöl* (6–12 l/ha) u.a.
	Rosen-Zikade	Ab Befallsbeginn mit **Karate Zeon**, *lambda-Cyhalothrin* (75 ml/ha), **Spruzit Neu** 🖰, *Pyrethrine + Rapsöl* (6–12 l/ha) u.a.
	Schaumzikade	Nur bei starkem Befall **Danadim Progress/Perfekthion/Roxion** 🖰, *Dimethoat* (0,6 l/ha) mit scharfem Strahl.
	Rosen-Triebbohrer	Nur bei stärkerem Befallsdruck mit z.B. **Calypso**, *Thiacloprid* (0,1–0,3 l/ha), **Danadim Progress/Perfekthion/Roxion** 🖰, *Dimethoat* (0,6 l/ha).
	Sternrußtau	Siehe Tabelle Echter Mehltau 6.2.3.
	Rosen-Rost	Siehe Rostpilze 6.2.2.

Pflanze	Schaderreger	Behandlung
Rubus	Falscher Mehltau	Siehe Falscher Mehltau 6.2.4.
	Himbeer-Rutensterben	Behandlung der Jungruten u.a. mit **Flint**, *Trifloxystrobin* (0,2 kg/ha), **Malvin**, *Captan* (1,8 kg/ha), **Switch**, *Cyprodinil + Fludioxynil* (1 kg/ha).
	Falscher Mehltau	Siehe unter Falscher Mehltau 6.2.4.
	Phytophthora-Wurzelfäule	Gießen mit **Aliette WG** 🐝, *Fosetyl* (100 kg/ha), **Fenomenal**, *Fosetyl + Fenamidone* (75 kg/ha), **Fonganil Gold**, *Metalaxyl-M* (0,013%) oder **Previcur N**, *Propamocarb* (0,15%), Anwendung nur unter Glas zugelassen. Für Anwendungen im Freiland sind einzelbetriebliche Genehmigungen nach §22(2) notwendig.
Salix	Blattläuse	Siehe unter Läuse 6.1.3.
	Blattwespen	Ab Befallsbeginn mit **Danadim Progress/Perfekthion/Roxion** 🐝, *Dimethoat* (0,6 l/ha) oder **Spruzit Neu** 🐝, *Pyrethrine + Rapsöl* (6–12 l/ha) u.a.
	Weidenbohrer	Anwendung von z.B. **Dipel ES**, *Bacillus thuringiensis* (2–3 l/ha), **Dimilin 80 WG**, *Diflubenzuron* (90 g/ha) oder **Spruzit Neu** 🐝, *Pyrethrine + Rapsöl* (6–12 l/ha) im Sommer nach der Eiablage.
Sorbus	Krebs	Bei Infektionsgefahr Anwendung von **Cuprozin WP** 🐝, *Kupferhydroxid* (1 kg/ha/m Kronenhöhe) oder **Malvin**, *Captan* (0,6 kg/ha/m Kronenhöhe) während des Blattfalls.
Syringa	Fliedermotte	Ab Befallsbeginn mit **Danadim Progress/Perfekthion/Roxion** 🐝, *Dimethoate* (0,6 l/ha), **Spruzit Neu** 🐝, *Pyrethrine + Rapsöl* (6–12 l/ha) oder **Xentari**, *Bacillus thuringiensis* (1–2 kg/ha).
	Fliederseuche	Anwendung von Kupferspritzmitteln wie z.B. **Cuprozin Flüssig**, *Kupferhydroxid* (2–2,4 l/ha) im zeitigen Frühjahr zur Verhinderung der weiteren Ausbreitung.
Tilia	Kleine Lindenblattwespe	Ab Befallsbeginn mit **Danadim Progress/Perfekthion/Roxion** 🐝, *Dimethoat* (0,6 l/ha), **Spruzit Neu** 🐝, *Pyrethrine + Rapsöl* (6–12 l/ha) oder **Karate Zeon**, *lambda-Cyhalothrin* (75 ml/ha) bis zu einer Pflanzenhöhe von 50 cm.
	Blattfleckenkrankheit, Rindenfleckenkrankheit	Bei beginnendem Befall Anwendung der Kontaktfungizide **Dithane Neotec**, *Mancozeb* (2–3 kg/ha) oder **Polyram WG**, *Metiram* (1,5–2 kg/ha). Ansonsten Anwendung von **Ortiva** bzw. **Neudorffs Rosen-Pilz-frei** 🐝, *Azoxystrobin* (1 l/ha) oder mit **Score**, *Difenoconazol* (0,4 l/ha bzw. 0,075 l/ha/m Kronenhöhe) oder **Systhane 20 EW**, *Myclobutanil* (0,125 l/ha/m Kronenhöhe). Eine einzelbetriebliche Genehmigung nach §22(2) ist notwendig.
	Krötenhaut	Bislang keine Präparate bekannt, Kulturführung optimieren.

Pflanze	Schaderreger	Behandlung
Ulmus	Ulmensterben	Derzeit keine praktikablen und dauerhaft wirksamen chemischen Präparate bekannt.
Vinca	Triebsterben	Derzeit stehen keine zugelassenen Produkte zur Verfügung. Sehr gute Erfahrungen liegen mit **Switch**, *Cyprodinil + Fludioxynil* (1 kg/ha) und **Signum**, *Boscalid + Pyraclostrobin* (1,5 kg/ha) vor, eine einzelbetriebliche Genehmigung nach §22(2) ist hierfür erforderlich.
Weigela	Blattälchen	Derzeit stehen keine zugelassenen Produkte zur Verfügung.

Zeichenerklärung: 🏠 = Für den Haus- und Kleingarten zugelassen

Haftungsausschluss: Das Ergebnis der Anwendung von Pflanzenschutzmitteln unterliegt stark wechselnden Faktoren wie z.B. der Witterung. Diese können für den Erfolg aber auch Misserfolg einer Anwendung verantwortlich sein. In extremen Fällen kann es sogar zu Schäden an den Kulturpflanzen kommen. Für derartige Schäden haften Autor und Verlag nicht. In Zweifelsfällen sind immer Probebehandlungen auf kleiner Fläche auszuführen. Das gilt besonders hinsichtlich der Sortenverträglichkeit z.B. bei Rosen.

9. Amtliche Auskunftsstellen für den Pflanzenschutz (Stand: Juni 2013)

Deutschland

Baden-Württemberg

– Landwirtschaftliches Technologiezentrum, 70197 Stuttgart, Reinsburgerstraße 107,
  Telefon 0711-6642400, Telefax 0711-6642499, Email poststelle-s(@)ltz.bwl.de
– Regierungspräsidium Stuttgart Ref. 33, 70565 Stuttgart, Ruppmanstraße 21, Telefon 0711-90413300,
  Telefax 0711-90413090, Email bernhard.ritz@rps.bwl.de
– Regierungspräsidium Karlsruhe Pflanzenschutzdienst-Karlsruhe, Schlossplatz 4-6, Telefon 0721-9260
  Telefax 0721-93340230, Email Abteilung3@rpk.bwl.de, Internet www.rp.baden-wuerttemberg.de
– Regierungspräsidium Freiburg-Pflanzenschutzdienst-79083 Freiburg, Telefon 0761-2080,
  Telefax 0761-3940200, Email Abteilung3@rpf.bwl.de, Internet www.rp.baden-wuerttemberg.de
– Regierungspräsidium Tübingen-Pflanzenschutzdienst 72072Tübingen, Konrad-Adenauer-Straße 20,
  Telefon 07071-7570, Telefax 07071-757-3190, Email Abteilung3@rpt.bwl.de,
  Internet www.rp.baden-wuerttemberg.de

Bayern

– Bayerische Landesanstalt für Landwirtschaft, Inst. f. Pflanzenschutz, 85354 Freisingen, Lange Point 10,
  Telefon 08161-715651, Telefax 08161-715735, Internet www.lfl.bayern.de
– Amt für Landwirtschaft und Forsten Kitzingen, Gartenbauzentrum Bayern Nord, 97318 Kitzingen,
  Mainbernheimer Str.103, Telefon 09321-30090, Telefax 09321-3009135,
  Internet www.aelf-kt.bayern.de
– Amt für Landwirtschaft und Forsten Fürth, Gartenbauzentrum Bayern Mitte, 90763 Fürth, Jahnstr.7,
  Telefon 0911-997150, Email poststelle@aelf-fu.bayern.de, Internet www.aelf-fu.bayern.de
– Amt für Landwirtschaft und Forsten Augsburg, Gartenbauzentrum Bayern Süd-West,
  86316 Friedberg, Johann-Niggel-Str.7, Telefon 0821- 260910, Internet www.aelf-au.bayern.de
– Amt für Landwirtschaft und Forsten Landshut, Gartenbauzentrum Bayern Süd-Ost,
  84036 Landshut-Schönbrunn, Am Lurzenhof 3, Telefon 0871-975189-550,
  Internet www.aelf-au.bayern.de

Berlin

– Pflanzenschutzamt Berlin, 12347 Berlin, Mohriner Allee 137, Telefon 030-700006-0,
  Telefax 030-700006255, Email pflanzenschutzamt@senstadtum.berlin.de,
  Internet www.stadtentwicklung.berlin.de/pflanzenschutz/pflanzenschutzamt

Brandenburg

– Landesamt für Ländliche Entwicklung, Landwirtschaft und Flurneuordnung,
  Abt 4, 15236 Frankfurt/Oder, Müllroser Chaussee 54, Telefon 0335-5602408, Telefax 0335-5602404,
  Internet lelf.brandenburg.de

Bremen

– Pflanzenschutzdienst Bremen, Lötzener Str.3, 28207 Bremen, Telefon 0421-36189240,
  Telefax 0421-36116644, Email office.pshb@veterinaer.bremen.de, Internet www.lmtvet.bremen.de

Hamburg
– Pflanzenschutzamt Hamburg, 22609 Hamburg, Ohnhorstr. 18, Telefon 040-42841-5321,
  Telefax 040-4279-41072, Email pflanzengesundheit@bwvi.hamburg.de,
  Internet www.hamburg.de/service-pflanzenschutz

Hessen
– Regierungspräsidium Gießen, Pflanzenschutzdienst (Dez:51.4), Schanzenfeldstr. 8-10, 35578 Wetzlar,
  Telefon 0641 303 5220, Telefax 0641 3035104 oder -05 (Warndienst)
  Email psd-wetzlar@rpgi.hessen.de, Internet www.pflanzenschutzdienst.rp-giessen.de

Mecklenburg-Vorpommern
– Landesamt für Landwirtschaft, Lebensmittelsicherheit und Fischerei Mecklenburg-Vorpommern,
  Abteilung Pflanzenschutzdienst, 18059 Rostock, Graf-Lippe-Straße 1, Telefon 0381-4035-0,
  Telefax 0381-4922665, Internet: www.lallf,de, Email: pflanzenschutzdienst@lallf.mvnet.de

Niedersachsen
– Landwirtschaftskammer Niedersachsen, Pflanzenschutzamt Sachgebiet Zierpflanzenbau,
  Baumschulen, öffentliches Grün, Sedanstr. 4, 26121 Oldenburg, Telefon 0441-80 17 60/76 1,
  Telefax -80 17 77, Internet: www.lwk-niedersachsen.de,
  Email: pflanzenschutzamt@lwk-niedersachsen.de

Nordrhein-Westfalen
– Landwirtschaftskammer Nordrhein-Westfalen, Pflanzenschutzdienst, 53229 Bonn,
  Siebengebirgsstr. 200, Telefon 0228-7032101, Telefax 0228-7032102,
  Email pflanzenschutzdienst@lwk.nrw.de,
  Internet www.landwirtschaftskammer.de/landwirtschaft/pflanzenschutz
– Pflanzenschutzdienst der Landwirtschaftskammer Westfalen-Lippe, 48147 Münster, Nevinghoff 40,
  Telefon 0251-23760, Telefax 0251-2376521, Email IPSAB_Muenster@t-online.de,
  Internet http://www.lk-wl.de

Rheinland-Pfalz
– Landwirtschaftskammer Rheinland-Pfalz Dienststelle Trier, Gartenfeldstraße 12a, 54295 Trier,
  Telefon 0651-949070, Telefax 0651-94907366, Email trier@lwk-rlp.de, Internet www.lwk-rlp.de
– Landwirtschaftskammer Rheinland-Pfalz Dienststelle Koblenz, Peter-Klöckner Str.3, 56073 Koblenz,
  Telefon 0261-915930, Telefax 0261-91593233, Email koblenz@lwk-rlp.de, Internet www.lwk-rlp.de

Saarland
– Landwirtschaftskammer für das Saarland, 66822 Lebach, Dillinger Str.67, Telefon 06881-9280,
  Telefax 06881-928100, Internet www.lwk-saarland.de

Sachsen
– Sächsische Landesanstalt für Landwirtschaft, Fachbereich 4, Referat 75, Pflanzengesundheit-
  Diagnose, 01326 Dresden, Söbringer Str.3a, Telefon 035242-6317500, Telefax 035242-6317599,
  Email christine.gebhart@pillnitz.lfl.smul.sachsen.de, Internet www.smul.sachsen.de

Sachsen-Anhalt

– Landesamt für Landwirtschaft, Forsten und Gartenbau, Dezernat Pflanzenschutz, 06406 Bernburg,
  Strenzfelder Allee 22, Telefon 03471-334341, Telefax 03471-334109,
  Email poststelle@llfg.mlu.sachsen-anhalt.de, Internet www.llfg.sachsen-anhalt.de
– Amt für Landwirtschaft, Flurneuordnung und Forsten Altmark, 39576 Stendal, Akazienweg 25,
  Telefon 03931-6330, Telefax 03931-213107, Email poststelleSDL@alff.mlu.sachsen-anhalt.de,
  Internet: www.alff-altmark.sachsen-anhalt.de
– Amt für Landwirtschaft, Flurneuordnung und Forsten Altmark, Standort Salzwedel, 29410 Salzwedel,
  Buchenallee 3, Telefon 03901-8460, Telefax 03901-846100,
  Email poststelleSAW@alff.mlu.sachsen-anhalt.de
– Amt für Landwirtschaft, Flurneuordnung und Forsten Mitte, 38820 Halberstadt, Große Ring Str.,
  Telefon 03941-671466 Telefax 03941-671199, Email poststelle@HBS.alff.mlu.sachsen-anhalt.de

Schleswig-Holstein

– Landwirtschaftskammer Schleswig-Holstein, Abtl. Pflanzenbau, Pflanzenschutz, Umwelt,
  Thiensen 22, 25373 Ellerhoop, Telefon 04120-70 68 21 3/20 7, Telefax 070 68 21 2, Internet: www.lksh.de,
  Email psd-ellerhoop@lksh.de

Thüringen

– Thüringer Landesanstalt für Landwirtschaft Jena, Abt. Pflanzenproduktion, Referat Pflanzenschutz,
  99189 Kühnhausen, Kühnhäuser Str.101, Telefon 0361-55068127, Telefax 0361-55068140

Österreich

Online-Verzeichnis der zugelassenen Pflanzenschutzmittel unter:
www.ages.at/Service/Pflanzenschutzmittel/Pflanzenschutzmittelregister

– Österreichische Agentur für Gesundheit und Ernährungssicherheit GmbH, kurz AGES, sowie Bundesamt für Ernährungssicherheit 1220 Wien, Spargelfeldstrasse 191, Telefon 05-0555-0,
  Telefax 050-0555-25019, Internet www.ages.at, Email management@ages.at

Hinweis: Präparate mit Zulassung in Deutschland oder den Niederlanden dürfen ebenfalls verwendet
werden.

Schweiz

Online-Verzeichnis der zugelassenen Pflanzenschutzmittel unter www.psa.blw.admin.ch

– Forschungsanstalt Agroscope Changins-Wädenswil ACW, 1260 Nyon 1Route de Duillier 50,
  Postfach 1012, Telefon 022 363 44 44 Telefax 022-362-1325, Internet www.agrscope.admin.ch
– Bundesamt für Umwelt BAFU, 3003 Bern, Telefon 031-322-9311 Telefax 031-322-9981,
  Internet www.bafu.admin.ch, Email info@bafu.admin.ch

10. Giftzentralen

Giftnotruf (bundeseinheitlich): Vorwahl der nächstgelegenen Stadt aus der Liste + 19 24-0

Berlin
– Beratungsstelle für Vergiftungserscheinungen, Karl-Bonhoeffer-Nervenklinik, Haus Diagnostikum, Oranienburger Str. 285, 13437 Berlin, Tel.: 030-19 24-0, Fax: -30 68 67 21, Email: mail@giftnotruf.de, Internet: www.giftnotruf.de
– Giftberatung Virchow-Klinikum Charité, Campus Virchow-Klinikum, Augustenburger Platz 1, 13353 Berlin, Tel.: 030-45 06 53-55 5, Fax: -45 05 53 91 5, Email: giftinfo@charite.de, Internet: www.charite.de

Bonn
– Informationszentrale gegen Vergiftungen, Zentrum für Kinderheilkunde der Rheinischen Friedrich-Wilhelms Universität Bonn, Adenauerallee 119, 53113 Bonn, Tel.: 0228-19 24 0, Fax: -28 73 31 4, Email: gizbn@ukb.uni-bonn.de, Internet: www.meb.uni-bonn.de/giftzentrale

Erfurt
– Helios-Klinikum Erfurt, Nordhäuser Str. 74, 99089 Erfurt, Tel.: 0361-73 07 30, Fax: -73 07 31 7, Email: info@ggiz-erfurt.de, Internet: www.ggiz-erfurt.de

Freiburg
– Vergiftungs-Informations-Zentrale, Universitäts-Kinderklinik Freiburg, Mathildenstr. 1, 79106 Freiburg, Tel.: 0761-19 24 0, Fax: -27 04 45 7, Email: giftinfo@kikli.ukl.uni-freiburg.de, Internet: www.giftberatung.de

Göttingen
– Giftinformationszentrum-Nord Georg-August-Universität, Zentrum Pharmakologie und Toxikologie, Robert-Koch-Str. 40, 307075 Göttingen, Tel.: 0551-19 24 0, Fax: -38 31 88 1, Email: Anfragen@giz-nord.de, Internet: www.giz-nord.de

Homburg/Saar
– Informations- und Beratungszentrum für Vergiftungsfälle, Klinik für Kinder- und Jugendmedizin, Robert-Koch-Str., Gebäude 9, 66421 Homburg/Saar, Tel.: 06841-19 24 0, Fax: -16 28 43 8, Email: kigift@uniklinik-saarland.de, Internet: www.uniklinikum-saarland.de/de/Einrichtungen/kliniken_institute/kijumed

Mainz
– Universitätsklinikum, Langenbeckstr. 1, 55131 Mainz, Tel.: 06131-19 24 0 oder 23 24 66, Fax: -23 24 68 oder-69, Email: mal@giftinfo.uni-mainz.de, Internet: www.giftinfo.uni-mainz.de

München
– Giftnotruf München, Toxikologische Abteilung der II. Medizinischen Klinik rechts der Isar, Ismaninger Str. 22, 81675 München, Tel.: 089-19 24 0, Fax: -41 40 24 67, Email: tox@lrz.tum.de, Internet: www.toxinfo.org/

Nürnberg
– Giftinformationszentrale Nürnberg, Medizinische Klinik II Klinikum Nürnberg Nord, Prof.-Ernst-Nathan-Str. 1, 90419 Nürnberg, Tel.: 0911-39 82 45 1 oder 39 82 66 5, Fax: -39 82 21 92, Email: muehlberg@klinikum-nuernberg.de, Internet: www.giftinformation.de

11. Register

N

O

P